U0142748

# 超圖解

# 領導經營學

## 33堂領導力修煉課

戴國良 博士 著

「領導力」＋「經營力」→成功的領導者

五南圖書出版公司 印行

# 作者序言

## 一、本書緣起

任何一家大、中、小型企業能經營成功，當然是全體員工幾百人、幾千人、幾萬人的共同努力與貢獻的；但，在這裡面最具影響力，就是公司組織內部各階層主管們（基層、中階、高階）的「領導力」與「經營力」所共同結合而成就的。

書中從作者個人過去在企業界工作多年實戰經驗中，以及閱讀過數百位國內成功且卓越的企業高階領導人的豐富感受中，精挑細選出 34 種領導力，以及 33 堂提升領導力修煉課，形成本書的主要內容。

本書命名《超圖解領導經營學》，是體會到領導人不是高高在上、出出嘴巴、整天坐在辦公室的中高階領導主管而已；真正成功的領導主管，必須從全方位角度去結合「領導力」與「經營力」的實踐，如此，才能使公司或集團經營，步上長期、永續、成功、成長與卓越的企業經營之路。

## 二、本書特色

本書具有以下 5 大特色：

（一）全國第一本領導力實戰書籍：

本書可說是全國第一本本土化的領導力實戰商業書，它沒有理論陳述，全都是作者個人的實務經驗及幾百位國內優秀企業領導人的珍貴領導理念與領導寶典。

（二）結合「領導力」＋「經營力」的一本好書：

本書觀點認為真正成功的領導力，必須是「領導力」＋「經營力」兩大力量的整合，才會產生更大的領導綜效，也才能保證企業的成功經營。

（三）找出最重要領導力修煉 33 堂課：

本書也從領導面及經營面精挑細選出 33 堂領導力修煉課，只要讀者們能好好修煉這 33 堂必修課，企業必可成功，讀者個人也可以順利升上主管的職位。

（四）各公司讀書會最佳教材：

本書可成為各公司內部讀書會的最佳教材及工具書，也可以列為公司內部培訓未來各部門高階領導主管的必修課程內容之一。

（五）晉升主管級人才的必讀商管書：

各位年輕讀者若要逐步晉升、被拔擢為各級主管時，本書是必讀的最佳領導力專書。

## 三、祝福與感謝

　　本書能夠順利出版，要感謝五南出版公司商管群的主編及編輯，由於您們的大力協助，才使本書得以出版；另外，也要感謝十多年來廣大的讀者朋友們及老師、同學們的持續性鼓勵，才使作者本人在漫漫寫作過程中，能保持毅力動能與喜樂。最後，祝福大家都能走向一個：美好、成長、進步、成功、健康、成就、開心、快樂與自我肯定的美麗人生，在每一分鐘的歲月中。謝謝大家、感恩大家。

作者　戴國良

taikuo@mail.shu.edu.tw

# 目錄

**第二篇** **33 堂必修領導力修煉課** **043**

## 第三篇　七位大師的領導力理念　　217

# 第一篇
# 34 種領導力綜述暨說明

# 一、知識領導力

　　一家公司的基層、中階、高階領導人要發揮其領導影響力,是要有必要的知識基礎,特別是商管方面的知識,更是不可或缺。例如:

1. 經濟學知識。
2. 企業管理學知識。
3. 財務管理學知識。
4. 行銷學知識。
5. 財經學知識。
6. 領導學知識。
7. 科技學知識。
8. 經營學知識。
9. 產業學知識。

　　企業各階層領導人若是缺乏知識,那就無法做出正確決策及判斷,也無法指出正確的企業發展方向、目標與策略,那就會把企業領向無底深淵。所以,知識領導力是很重要的。

**圖1-1　知識領導力**

知識領導力(Knowledge leadership)

● 把企業帶向正確的發展方向、目標與策略

| 基本知識 | 1. 經濟學<br>2. 企業管理學<br>3. 財務管理學<br>4. 行銷管理學<br>5. 財經學 | 6. 領導學<br>7. 科技學<br>8. 經營學<br>9. 產業學 |
|---|---|---|

# 二、職權領導力

　　所謂「職權領導力」，係指每位主管的頭銜，都有他們的職權。例如：擔任總經理職，就可以管到全公司各部門一級主管（副總經理）的權力；做副總的，就可以管到部門內的經理職務的次級主管。一般來說，中高階職權（權力）的項目，可包括：

1. 年終打考績權力：可決定年終獎金及分紅獎金多少。
2. 晉升權力：可決定哪些員工可晉升。
3. 加薪權力：可決定哪些員工可加薪。
4. 資遣員工權力：可決定哪些員工不適任，而加以資遣。

　　從上面看起來，各級領導者的職權影響力還不小，故要謹慎使用、公平使用、合理性使用及無私使用。

---

圖1-2 　職權領導力

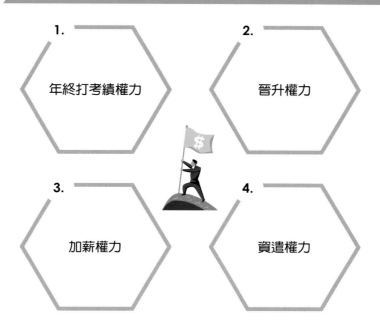

1. 年終打考績權力

2. 晉升權力

3. 加薪權力

4. 資遣權力

# 三、經驗領導力

　　有時候，領導力是靠豐富經驗而得來的，例如：一位有 20 多年工作經驗的高階主管，比起一位才 2 年多工作經驗的新進、新手、年輕的員工，其個人 20 多年豐富的工作歷練及累積的經驗，當然比工作 2 年多的新進員工有更佳的與更被信服的領導力。

**圖1-3　經驗領導力**

20 多年豐富工作
歷練與經驗

形成：
經驗領導力
（Experience leadership）

# 四、洞見領導力

　　所謂「洞見」（insight），就是指當一件東西在很「微小」的時候或不太成熟的時候，就能被領導人看出來它未來必成大局、未來必成很具商機、很具影響力的東西；例如：在 2023 年度率先提出「AI 新時代」的是美國華人黃仁勳，他是美國 NVIDIA 輝達公司的創辦人，也是很卓越的企業家。

　　黃仁勳創辦人對 AI 嶄新時代的提出及洞見，果真是 2024 年開始，AI 晶片、AI 伺服器、AIPC 等紛紛活躍起來了。台灣 AI 供應鏈也因此更熱。

## 圖1-4　洞見領導力

洞見領導力
（Insight leadership）

AI 嶄新時代來臨

# 五、行動（執行力）領導力

「行動領導力」也是各階層領導主管必須重視的一項重要法則。有人說，「策略力＋行動力」是企業領導人的兩大黃金法則；策略力是做出了正確的方法及作法，但行動力才能夠去完成這個好的策略力，所以，這兩力是缺一不可的。

讀者們大概都聽過早期鴻海集團的郭台銘董事長，向來就是以「強大且快速的執行力」而聞名的，如果執行力太慢的主管可能會被郭董事長 fire 掉（遣散掉），所以，鴻海的各級領導主管大家都戰戰兢兢的每天 12 小時、14 小時被操著工作。

**圖1-5 行動領導力**

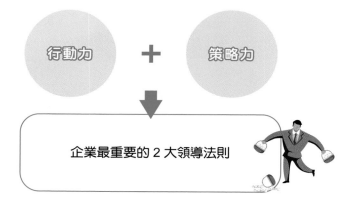

# 六、激勵領導力

　　大家都知道，領導力的組成及功能中，一定會有「激勵」的成分存在。大家也都當過上班族，能夠支撐上班族在漫漫長路的 30 年工作生涯，如果沒有被激勵，長久工作下來一定會倦怠與熄火的，因此，各級領導主管必須懂得如何給予員工們適時、適當的激勵、鼓勵。這些激勵作法，主要有幾種：

## 一、物質金錢的激勵：

　　上班族上班的第一個目的，就是要賺錢。因此，給予同業間最高薪資水平的月薪、獎金及福利是第一重要的；總之，就是錢、就是年薪的充足性與滿足感。

## 二、心理精神面的激勵：

　　肯定員工、讚美員工、獎賞員工、口頭說好話等，都足以使員工心理感到欣慰打氣感及成就感。

## 三、給予晉升：

　　升級、升為小主管及中級主管，使優良員工能做起長官來。總之，沒有激勵，員工就失去了戰鬥力及動機力，公司就會慢慢沉淪下去。

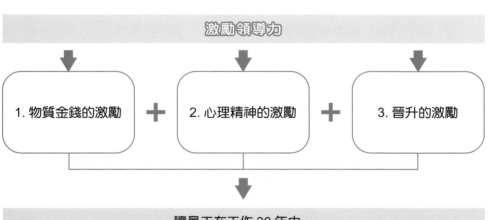

圖1-6　激勵領導力

激勵領導力

1. 物質金錢的激勵 ＋ 2. 心理精神的激勵 ＋ 3. 晉升的激勵

讓員工在工作 30 年中，
永保充足的動力與戰鬥力

# 七、人脈領導力

企業經營，有時候涉及層面相當多元、多樣化，有些也不一定是高階領導人所熟悉的領域，因此，必須借助各領域的專家、朋友、同學、異業們；例如：

### 一、在財會領域：

必須借助會計師事務所、銀行、財務顧問公司、證券公司與政府行政機構。

### 二、在法律、合約領域：

必須借助律師事務所。

### 三、在政府法規政策領域：

必須借助立法委員、公會、協會及行政機構等。

### 四、在產業領域：

必須借助同業公會、協會及產業專家等。

總之，人脈的活用，可以使領導人在下最終決策時，能得到及時與有效、正確的抉擇與判斷，使公司能順利的發展並且走下去。

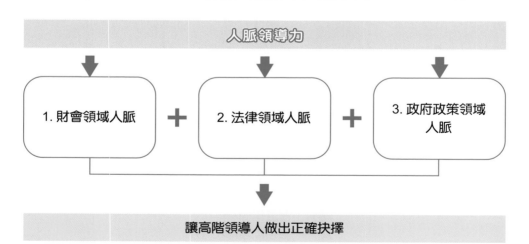

圖1-7　人脈領導力

人脈領導力

| 1. 財會領域人脈 | ＋ | 2. 法律領域人脈 | ＋ | 3. 政府政策領域人脈 |

讓高階領導人做出正確抉擇

# 八、布局未來領導力

　　企業高階領導人最重要的使命之一，就是要為企業的未來發展做布局、做規劃、做拓展；這就是「布局未來」高階領導力的展現。企業高階領導人看的不是現在的事，現在的事，交給各部門、各廠的基層主管去執行及落實即可；高階領導人要看的、要負責的，就是未來五年、十年、十五年、甚至二十年之後的全方位布局未來的事業版圖及戰略規劃；高階領導人要想清楚，到底你要把集團或公司，在十年、二十年後帶往哪裡？帶向何處？有何展望？有何前程？

## 圖1-8　布局未來領導力

「布局未來」領導力

↓

五年、十年、二十年之後，公司有何展望？
有何前程？
有何希望？

↓

這是高階領導人最重要任務及使命

# 九、掌握趨勢領導力

　　企業經營，有時候必須順勢而為、掌握趨勢與等待時機，企業就會高速成長起來。台灣的代工高科技公司，在二、三十年前，是代工美國電腦及筆電產品而形成電子供應鏈而成長；後來，美國 Apple 公司發展出 iPhone 智慧型手機後，台商成為蘋果供應鏈，後來到現在 AI 時代，台商也成為 AI 伺服器、AIPC、AI 手機的最新供應鏈；這些都是廣大台商電子產品供應鏈抓住每一波的新商機趨勢而順勢成長、成功起來的。

　　因此，掌握外部大環境改變的新趨勢與新商機，正是高階領導人最重要的責任及任務之一。

**圖1-9　掌握趨勢領導力**

掌握環境改變新趨勢、
新商機

↓

・持續抓住每一波的產業契機與生存發展新空間

・高階領導人要有好眼光，掌握新趨勢，等待好的時機到來。

# 十、創造需求領導力

　　大家都知道，在行銷領域及做生意領域中，最極致且高招的一點，就是能夠「創造需求」。過去，有需求三段論，即：發現需求 → 滿足需求 → 創造需求；亦即，創造需求是最高極致。在 17 年前，美國 Apple 公司發明了 iPhone 智慧型手機，也開啟了改變世界與振奮產業的iPhone 新世代，直到今天。在 15 年前，美國 Meta 臉書公司創造出 FB、IG；Google 谷歌公司創造出 YouTube，這些社群及影音平台，也大大改變了人類之間的社群媒體傳播，這些平台也大大賺了網路廣告的大筆銀子。再如，2024 年以來的 AI 新需求創造與發明。

　　以上這些都是企業界「創造需求」領導力所做的最佳展現，也為他們公司創造了很大利潤。所以，「創造需求領導力」，是領導力中的最高極致展現。

圖1-10　創造需求領導力

- 1.AI、ChatGPT
- 2.iPhone
- 3.FB、IG、YouTube、Google
- 4. 電動車
- 5.LINE
- 6. 晶片半導體

主動「創造需求」領導力

為公司創造大筆獲利

# 十一、精準領導力

　　所謂精準領導力，強調的就是領導力要能夠「精實」＋「準確無誤」的意思。有些公司的領導力，是不夠精美、不夠準確的，公司發生誤導及錯誤決策產生，以及產生很大的損失；這些都是不及格的領導力，值得高階領導人注意避免陷入不精準、不正確的錯誤領導力。

**圖1-11　精準領導力**

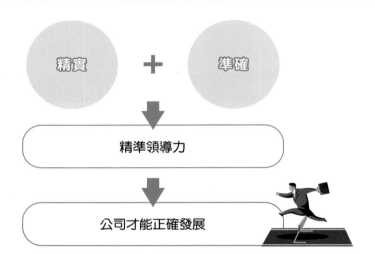

# 十二、願景領導力

所謂「願景」（vision），就是公司最高階領導人，預計將公司帶往那個最終的目標與使命。例如：

1. 台積電願景：「成為全球第一大先進晶片半導體的研發與製造大廠」。
2. 日本豐田汽車願景：「成為全球第一大汽車研發、設計、製造大廠」。
3. 美國 Apple iPhone 公司願景：「成為全球第一大智慧型手機大品牌」。
4. 台灣鴻海公司願景：「成為全球第一大電子、通信、手機代工組裝大廠」。

願景領導力，可帶動全公司、全集團員工，朝著高階所設定的願景、目標、使命而全員一致團結努力，邁向而達成此終極願景。

## 圖1-12　願景領導力

| 台積電 |
| :---: |
| 全球晶片半導體第一大 |

| 日本豐田 |
| :---: |
| 全球汽車製造第一大 |

| 美國 iPhone |
| :---: |
| 全球手機第一大 |

| 台灣鴻海 |
| :---: |
| 代工組裝全球第一大 |

**願景領導力（Vision leadership）**
**全員邁向願景目標而前進**

# 十三、成長領導力

　　企業要永遠存在經營，就必須不斷的、持續性的追求「成長型經營」，唯有不斷的努力成長、突破成長、創新成長、創造成長，企業才能永續存活下去。例如：

1. LV（LOUIS VUITTON）路易威登精品集團：已有 170 年歷史，目前仍在成長中。
2. TOYOTA 豐田汽車：已有 90 年歷史，目前仍在成長中。
3. 統一企業：已有 60 年歷史，目前仍在成長中。
4. 台積電：已有 35 年歷史，目前仍在成長中。

　　總之，企業經營的王道，只有兩項：一是獲利是王道；二是成長是王道。企業最高領導人，一定要專注且投入「成長領導力」，才是真正成功的高階領導人。

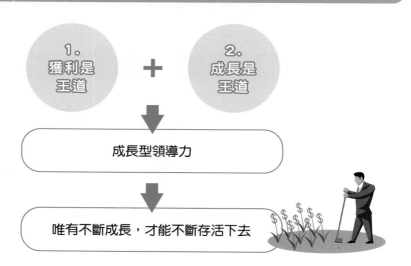

圖1-13　成長領導力

# 十四、快速／敏捷／即時／彈性／靈活領導力

第 14 種領導力，就是現在最流行的，強調：快速、敏捷、即時、彈性、靈活等五項要件的領導力。這五項要件，主要是面對外部大環境的快速變化、改變快、不確定性高、巨變機會大等特性，而要求各階層領導人必須具備此五大要件，才能應對多變、巨變的外在大環境。

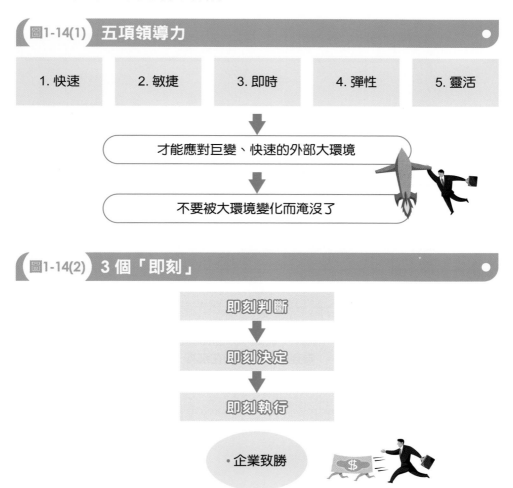

圖1-14(1) 五項領導力

1. 快速　　2. 敏捷　　3. 即時　　4. 彈性　　5. 靈活

才能應對巨變、快速的外部大環境

不要被大環境變化而淹沒了

圖1-14(2) 3 個「即刻」

即刻判斷

即刻決定

即刻執行

· 企業致勝

# 十五、前瞻／高瞻遠矚／有遠見領導力

企業高階領導人團隊必須不能短視、短見，也不能只看到今年的業績目標，不能只做現在、今天的事情；而更應該花費更多的時間力量、資源，投入在更有遠見、更前瞻、更高瞻遠矚的未來布局、未來開展、未來成長的戰略規劃上。

像現在很多前瞻型企業看到了未來前瞻事業；包括：AI 晶片、AI 伺服器、AIPC、AI 手機、AI 智慧工廠、AI 智慧醫療、AI 智慧電動車等最當紅的新興、有遠見事業領域。

圖1-15　前瞻／遠見領導力

| 1. 前瞻的 | 2. 有遠見的 | 3. 高瞻遠矚的 |

**AI新時代來臨**

AI 晶片、AIPC、AI 手機、AI 伺服器、AI 電動車、AI 工廠、AI 醫療

遠見／前瞻 → 看到未來的希望在那裡
→ 看到未來的獲利在那裡！

# 十六、挑戰心領導力

　　企業經營，經常面對的是「守成的」各級主管，大家都只想守住現在的、現有的、既有的成果就可以了，很少有想挑戰更高、更遠、更多成果的，這就缺乏了挑戰心領導力。現在面臨非常競爭的外在大環境，更必須要運用挑戰心才能突破外在競爭壓力，這些挑戰，包括：

1. 挑戰營收（業績）創新高。
2. 挑戰獲利創新高。
3. 挑戰新創事業成功。
4. 挑戰新開發產品成功。
5. 挑戰新店型成功。
6. 挑戰 EPS 創新高。
7. 挑戰總店數創新高。
8. 挑戰全球布局成功。

**圖1-16　挑戰心領導力**

| 1. 挑戰新營收 | 2. 挑戰新獲利 | 3. 挑戰新事業 |
|---|---|---|
| 4. 挑戰新開發產品 | 5. 挑戰新店型 | 6. 挑戰新 EPS |
| 7. 挑戰新總店數 | 8. 挑戰新全球布局 | |

**唯有挑戰，才能超越**

# 十七、創新領導力

在領導人的特質中，「創新」的重要性已變成最被重視的，因為，唯有不斷的創新，才能不斷的存活下去。例如：

1. 台積電：先進晶片半導體，不斷研發創新進步中。
2. 特斯拉（Tesla）：電動車的創新進步。
3. Apple：iPhone 手機，每年推出一款機型，也是每年創新。
4. 廣達：AI 伺服器是最新創新的產品。
5. 統一超商：7-11 總店數邁向 7,000 家，力求創新突破。

創新的領域相當廣泛，包括：研發技術創新、設計創新、產品創新、車型創新、製程創新、物流創新、包裝創新、內容成分創新、食材創新、款式創新、功能／功效創新、店型創新⋯⋯等。總之，創新領導力，已成為各級領導人最重要與最必須具備的核心領導力之一。

**圖1-17** 創新領導力

不創新，即死亡
（Innovation, or die）

唯有不斷創新，
才能不斷存活下去

# 十八、學習領導力

由於現在環境變化很快，新的科技、新的知識、新的產業、新的產品，都不斷的推陳出新及精益求精，因此，企業各階層領導人更要不斷的學習、不斷的進步、不斷的跟上時代腳步，才能扮演好各部門領導人的角色。尤其，現在是數位化時代及 AI 時代，領導人更要追上這些新時代的新變化與新學習，才不會落伍或被淘汰掉。

圖1-18 學習領導力

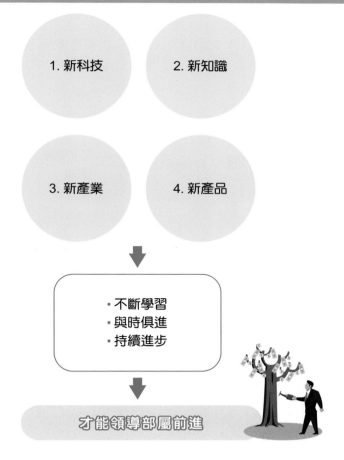

1. 新科技

2. 新知識

3. 新產業

4. 新產品

· 不斷學習
· 與時俱進
· 持續進步

才能領導部屬前進

# 十九、親和領導力

　　過去比較流行的領導力，可能是比較威權式的、一言堂式的、強勢的領導力，但現在由於知識普及、民主思維的崛起，因此，領導風格比較傾向親和力的領導，領導者必須與部屬們站在一起，並肩作戰，放低姿態，所以親和領導力與人和領導力已逐漸成為主流。

**圖1-19　親和領導力**

1. 知識普及

2. 學歷提升

3. 人權伸張

4. 民主平等
　 思維

- 親和力、人和力領導崛起

- 領導人絕對不能高高在上，只出嘴巴

# 二十、無私／以身作則領導力

　　中高階領導人，擁有職務上的權力及資源，很容易就陷入自私、自利、圖謀自己的現象發生，這些都不能被部屬們接受的。領導人必須做到「無私、無我」，必須擁有「以身作則」的領導力，才會被部屬們尊敬與尊重，也才能領導／指揮得了你的部屬們。如果不能「以身作則」、不能「無私、無我」，那麼就會成為失效的領導。

**圖1-20　無私／以身作則領導力**

| 1. 無私、無我 | 2. 大公無私 | 3. 以身作則 |
|---|---|---|

- 才是成功的領導
- 才是被尊敬的領導

# 二十一、親力親為領導力

　　各級領導人，大概會有兩大不同的類型，一種是「授權領導力」，另一種則是「親力親為領導力」，這沒有對錯，兩種領導模式都經常看到，端看每個領導人的不同特質而定。親力親為的領導人，精力過人，凡大事、中事、小事可能都會親力親為，管得很細，也可能管得很成功，不會出大事，很謹慎行事，這些都是優點。

　　相反的，另一種授權領導人，則是尊重各層級的分工與授權，放心讓部屬們去做決定，去執行。大概中小企業領導人比較會採行親力親為領導型態，反之，大企業因為人員多、組織複雜、事業範圍大，所以會採取授權型領導較為常見。總之，這兩種領導模式，都是可行的。

**圖1-21　親力親為領導力**

| 1. 凡事都力求親力親為 | 2. 謹慎行事 | 3. 管得很細 |
|---|---|---|

中小企業、小組織、小規模的親力親為領導模式

# 二十二、授權領導力

現在，很多大企業的領導力，是很強調授權型領導的，主因有幾個：

**一、現在外部經營大環境變化很大：**

必須授權給第一線門市店長或第一線營業人員去做及時處理才行。

**二、現在企業組織愈來愈大：**

人員愈來愈多，已經不適合集權、威權模式，否則會來不及因應。

**三、現在必須多培養各階層主管、副主管的領導力：**

企業必須透過平時的授權，才能培養他們的年輕人領導能力。

總之，隨著企業的現代化、規模化、制度化、進步化及分權化，授權型領導模式已經愈來愈普及。

## 圖1-22 授權領導力

| 1. 企業現代化、規模化、制度化 | 2. 面對外部大環境的激烈變化 | 3. 面對培養年輕型幹部人才 |
| --- | --- | --- |

・適度授權型領導力已成必要

・大企業才拉得動

# 二十三、當責／負責任領導力

　　各階層領導人必須永保一個「當責」、與「負責任」的心態去做事與管理人，才會是一個成功與好的領導人。

　　各個單位、各個階層、各個職級的領導人，最重要的一個工作精神，就是要勇於「當責」，即要擔當此單位的全部責任。例如：一個廠長領導人，就要負責任把這個廠管理好、做好；一個財務部領導主管，就要把有關財務部的大小事管好，並負起責任來，若做不好，就要負責，不可以推卸給底下部屬的過失，這就是「當責」的心。

**圖1-23**　　「當責」領導力

1.當責　**＋**　2.負責任

- 負責自己部門、自己的廠，一切都能順暢運作，一定要有負責任的心

- 不必讓上級長官擔心

# 二十四、賺錢領導力

　　第 24 種領導力，要強調的就是：「賺錢領導力」，企業經營，其目的之一，就是要能獲利、要能賺錢；因此，高階領導團隊必須要能展現出能夠為公司的短、中、長期均能獲利、賺錢的領導能力出來；總之，能獲利、能賺錢才是王道，也才是真正成功的領導力。

**圖1-24　賺錢領導力**

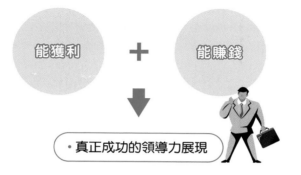

能獲利　＋　能賺錢

・真正成功的領導力展現

# 二十五、用人唯才領導力

第 25 種領導力，就是「用人唯才」領導力。「人才」是公司最寶貴、最重要的資產價值，沒有了人才，那公司就是空的；企業的天下，是全體員工、全方位人才，共同努力打下來的，而不是老闆一個人打下來的。

企業用人，一定要秉持一個最根本原則，那就是「用人唯才」，有才幹的人才，就應該受到重視；另外，「適才適所」也很重要，要把對的人才，擺在對的位置上，然後教他們做對的事。公司能夠做到「用人唯才」及「適才適所」，那人才的潛能就可發揮、就可貢獻給公司了，公司必可成功經營。

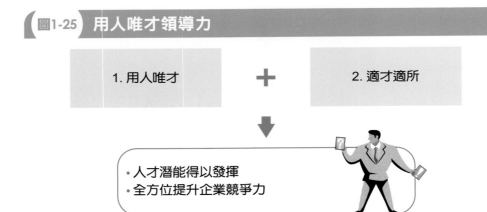

圖1-25 用人唯才領導力

1. 用人唯才 ＋ 2. 適才適所

↓

· 人才潛能得以發揮
· 全方位提升企業競爭力

# 二十六、品德領導力

　　很多國內外大企業的領導人都很重視員工的品德，品德好壞是觀察一個員工的最核心指標。品德好的員工，自然對公司必有好處，品德不好的員工，可能把公司帶向災難的不可收拾局面。所謂「好品德」的領導力，包括以下十項要件：

1. 負責任的。
2. 正派的。
3. 不會營私舞弊的。
4. 不會結黨結派。
5. 不會搞派系鬥爭的。
6. 追求進步的。
7. 具團隊合作精神。
8. 工作勤奮的。
9. 誠實、老實信用的。
10. 正直、無私無我、大公無私的。

**圖1-22　好品德領導力**

| 1 負責任的 | 2 正派的 | 3 誠實、守信用的 | 4 工作勤奮的 |
|---|---|---|---|
| 5 具團隊合作的 | 6 追求進步的 | 7 不會營私舞弊的 | 8 不會結黨結派的 |
| | 9 不會搞派系鬥爭的 | 10 正直、無私無我的 | |

↓

**才能領導眾人願意追隨他**

# 二十七、使命必達領導力

　　第 27 種領導力，就是「使命必達」領導力，這比執行力、行動力領導概念，又更高一層了；其意指凡是更上一級長官領導人下達的命令與指示，最終均可使命必達，也不打折扣，絕不拖延時間，時間到了，自然上級領導人交待的工作與目標，自然就會完成及使命必達。所以，基層及中階主管領導人，對於來自高階領導人所下達的命令，必須抱持「使命必達」的信念、精神與自我要求，公司最需要的就是使命必達的基層主管及中階主管。

**圖1-27　使命必達領導力**

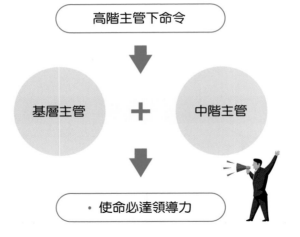

# 二十八、無派系／無鬥爭領導力

有不少公司的組織裡面，常會出現組織與人員之間的派系鬥爭及結黨結派現象。有些是同一個大學畢業的、有些是同一梯次到公司的、有些是有利益關係的；這些都可能會成為組織內部個人或單位之間的互相鬥爭或不合作，最終，將使公司大大受害，而且形成不好的企業文化，所以，公司一定要倡導無派系、無鬥爭的領導力要求。

**圖1-28　無派系、無鬥爭領導力**

組織內：
要求無派系、無鬥爭

- 才能形塑優良組織文化、企業文化
- 才能使人員安定於工作

# 二十九、團結／團隊領導力

　　任何企業的運作，都不是一個人單獨就能完成，經常必須很多單位及很多人力，共同合作，才能完成的。因此，團隊合作、團結一心的觀念是很必要的。

　　而各階層領導人所必須發揮的領導力，就是要能夠團結所有部門及全員，共同向每一個目標而共同努力及投入。

　　所以，任何領導人都必須知道，公司的成功，不是某一個英雄造就的，而是很多員工大家共同打造而成功的，記得，是團隊的成功及大家的成功。

**圖1-29　團隊領導力**

公司的成功

・是公司整個團隊的成功、整個全體員工的成功

・發揮團隊領導力，達成更大、更高、更遠的企業營運成功、成長

# 三十、主動積極領導力

在企業界上班的實務過程中,經常會發現員工的工作心態,大部分人都是比較被動而且不太積極的,大部分人都是等待長官交待才做事情的,因此,各級主管領導人必須採取主動積極的工作態度,從自己以身作則做起員工的表率,採取主動且積極的心態,去影響部屬們,因此主動積極的領導力,是很重要的。

**圖1-30 主動積極領導力**

主動積極領導力

• 勇於任事、主動作事、積極工作,
  形成優良企業文化

# 三十一、溝通／協調領導力

企業經營的循環過程中，很多都是需要跨部門溝通及協調的。例如：

1. 營業單位：必須跟製造單位及物流配送單位協調。
2. 製造單位：必須跟零組件採購單位及研發／技術單位協調。
3. 各單位缺人、補人：都要跟人資單位協調。
4. 各單位要錢、要獎金、要薪水：都必須跟財務部協調。
5. 商品開發部：必須跟營業部及行銷部協調。

上述顯示每個單位都無法獨立行動的，都有機會跟跨部門之間溝通／協調及請求配合的，所以，溝通／協調領導力就很重要。

**圖1-31** 溝通／協調領導力

跨部門溝通、協調、
請求支援的領導力是很必要的

# 三十二、熱情／勤奮領導力

　　一個公司的優良企業文化，必須形塑出每個員工都是熱情於自己的工作，並且勤奮於自己的工作，每個員工都能做好自己本份工作，那麼這個公司就會活絡起來、強壯起來。如果員工的工作熱情沒有了，勤奮心也沒有，那麼公司就會陷入衰退、退步、落後的困境之中。所以，如何激發起員工的工作熱情及工作勤奮性，是各級領導主管的一大重點任務。

**圖1-32　熱情／勤奮領導力**

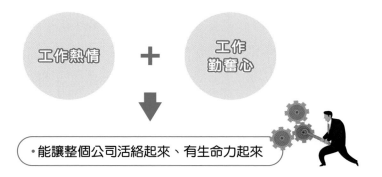

工作熱情　＋　工作勤奮心

・能讓整個公司活絡起來、有生命力起來

# 三十三、誠信領導力

　　一個企業必須要有它的核心價值觀才行。例如：台積電公司在張忠謀擔任董事長時代，他最重要的核心價值觀，就是「誠信」（integrity）二個字，也就是「誠實」＋「信用」兩個的結合。有誠信的企業，就能夠給人誠實、正直、信用的良好感受，如此的企業，也才會讓人去「信賴（trust）」該公司。「誠信」也代表一家公司的根本品德、品格，它會讓人家願意去和此公司做生意互相往來。所以，「誠信領導力」也是諸多領導力中，很重要的根本領導力。

**圖1-33　誠信領導力（Integrity leadership）**

| 1. 誠實 | ＋ | 2. 信用 | ＋ | 3. 信賴 |

↓

讓人願意去和該公司做生意與往來

# 三十四、優勢領導力

　　企業經營，很難有 360 度全方位、全面向的競爭優勢，一定是有它的優勢、長處，但是也有它的劣勢、短處；所以，企業要戰勝競爭對手，一定要發揮及側重在自身公司的「特定優勢」上，如此，才能超越競爭對手；所以，企業各級主管領導人，一定要集中、聚焦、專注、鞏固及發揮自身的優勢與長處，才能在激烈競爭市場中，占有一席之地。

**圖1-34　優勢領導力**

優勢領導力

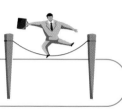

・集中、聚焦、專注、鞏固、發揮自身的優勢及長處

・才能在激烈競爭市場中，占有一席之地

# 三十五、領導力的 2 種層次

## 一、領導力的 2 個層次：領導層與管理層

就企業實務來說，如果按職級來區分，領導力可區分為幾種層次：一為領導層（leaders）；二為管理層（managers）。如下圖示：

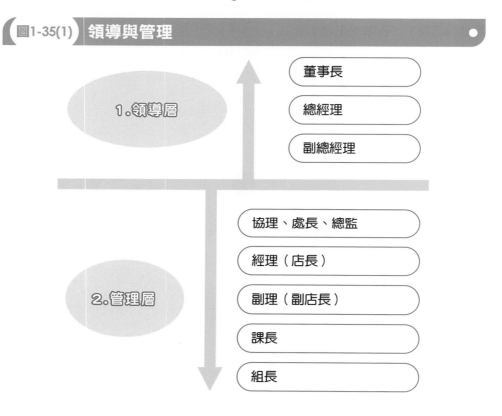

**圖1-35(1) 領導與管理**

**1.領導層**
- 董事長
- 總經理
- 副總經理

**2.管理層**
- 協理、處長、總監
- 經理（店長）
- 副理（副店長）
- 課長
- 組長

## 二、管理層工作職責

管理層領導者的工作職責，主要就是管理好本週、本月、本季、本年的營收與獲利預算目標的達成，也就是每月、每年損益表預算的順利達成。

## 三、領導層工作職責

領導層領導者的工作職責，就是規劃、思考、布局公司短、中、長期事業經

營的推進及成長，這包括：

1. 短期：1～3 年經營計劃。
2. 中期：4～5 年經營計劃。
3. 長期：6～10 年經營計劃。

## 四、執行層工作職責

在領導層 → 管理層 → 執行層，執行層的工作人員，包括：技術員、工程師、生產人員、品管人員、物流人員、助理人員、服務人員、銷售人員、專櫃人員、店員、組員、幕僚人員等，他們都是在第一線或後勤部門工作的基層人員，主要負責每天工作的完成。

## 五、組織的 3 種階層

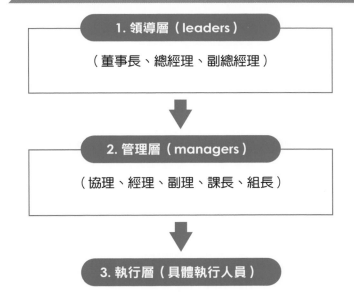

圖1-35(2) 公司組織的 3 種階層

1. 領導層（leaders）

（董事長、總經理、副總經理）

2. 管理層（managers）

（協理、經理、副理、課長、組長）

3. 執行層（具體執行人員）

# 三十六、領導人權力的 4 種來源

公司各層級主管領導人的權力來源,主要有:

### 一、職位賦予的權力:

例如:部門副總經理可以管到底下的協理、經理、副理等層級主管;或是經理可以管到底下的副理、專員、助理等層級;這就是公司賦予各單位、各層級主管的權力來源。

### 二、個人能力與經驗所展現的權力:

個別主管在他們專業領域所展現的豐富能力與經驗,也會令底下人員服從他的領導。例如:某位高階主管在研發、技術、商品開發、採購、製造、物流、財務、資訊、營業、法務、企劃、人資、總務等各自專長領域有強大能力及多年實務經驗,也會展現出足以服人的權力出來。

### 三、做人成功,使人願意跟隨的權力:

第 3 種權力來源,就是有些主管們在做人處事方面很成功,使底下人員願意忠誠的跟隨他,這也是一種無形領導權力的來源。

### 四、更高級長官支持的權力:

例如:某個部門副總經理得到更高長官,即董事長的支持及喜愛,那麼這位副總經理的權力可能也會水漲船高,大家就更服從他的領導。

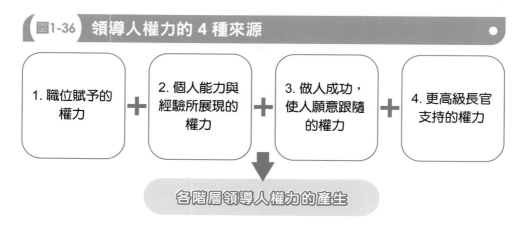

圖1-36 領導人權力的 4 種來源

1. 職位賦予的權力 ➕ 2. 個人能力與經驗所展現的權力 ➕ 3. 做人成功,使人願意跟隨的權力 ➕ 4. 更高級長官支持的權力

各階層領導人權力的產生

# 三十七、領導人是天生或後天可培養的

作者本人在企業界及學術界工作幾十年來，觀察各行各業的領導人，總結一個感受，即：10%的領導人是天生的；90%的領導人是後天培養的。天縱英明偉大型的高階領導人，這是很少數的，大概只有 10% 是天生的。但大部分領導人都是後天慢慢累積培養而成的。這些後天培養出來的各企業界領導人，其培養的管道有 3 種：

1. 在工作中的二十年、三十年中，他們不斷的自我累積、自我學習更多的工作經驗與知識，在無形中，隨著職位愈來愈高，他們領導能力也跟著成長。
2. 這些中高階主管也會參加公司內外部舉辦的領導人培養課程及受訓，也會累積他們在領導力與管理力的知識。
3. 他們也會每天在工作空檔時，自我閱讀各類專業的財經商管專書、雜誌、報紙及財經電視台等，不斷強化自己多元化的知識與常識。

**圖1-37　後天培養領導人的 3 種方式**

1. 在二十、三十年工作中，他們不斷的自我累積及學習更多公司的經驗與成長

2. 參加公司內外部有關領導力的培訓課程

3. 自我平常經常性閱讀財經雜誌、報紙、電視、書籍，自我充實提升自己

• 慢慢養成高階領導人的能力、氣度、品德與格局出來

# 三十八、34 種領導力總結圖示

| | | |
|---|---|---|
| **1** 知識領導力 | **2** 職權領導力 | **3** 經驗領導力 |
| **4** 洞見領導力 | **5** 行動（執行力）領導力 | **6** 激勵領導力 |
| **7** 人脈領導力 | **8** 布局未來領導力 | **9** 掌握趨勢領導力 |
| **10** 創造需求領導力 | **11** 精準領導力 | **12** 願景領導力 |
| **13** 成長領導力 | **14** 快速／敏捷／即時／彈性／靈活領導力 | **15** 前瞻／高瞻遠矚／有遠見領導力 |
| **16** 挑戰心領導力 | **17** 創新領導力 | **18** 學習領導力 |

| 19 親和領導力 | 20 無私／以身作則<br>領導力 | 21 親力親為領導力 |
| 22 授權領導力 | 23 當責／負責任<br>領導力 | 24 賺錢領導力 |
| 25 用人唯才領導力 | 26 品德領導力 | 27 使命必達領導力 |
| 28 無派系／<br>無鬥爭領導力 | 29 團結／團隊領導力 | 30 主動積極領導力 |
| 31 溝通／協調領導力 | 32 熱情／勤奮領導力 | 33 誠信領導力 |
| 34 優勢領導力 | | |

# MEMO

# 第二篇
# 33 堂必修領導力修煉課

# 領導力修煉 1

# 領導力與核心能力暨競爭優勢

# 領導力與核心能力暨競爭優勢

**一、何謂「核心能力」（核心能耐）？有哪些面向的核心能力？**

企業經營上，有一個名詞，稱為公司的「核心能力」（core competence），又稱「核心能耐」。係指一家公司最核心、最關鍵、最重要的營運能力、能耐：

**（一）台積電：**

核心能力，就是指先進晶片 3 奈米、2 奈米、1.4 奈米、1 奈米的研發與製造良率最核心能力，這是目前韓國三星及美國英特爾強大競爭對手所跟不上來的重要能力。

**（二）大立光：**

核心能力，就是指高性能且多鏡片的手機鏡片研發及製造能力，專供 iPhone 手機之用。

**（三）鴻海：**

核心能力，就是指 iPhone 手機的組裝製造能力，目前鴻海鄭州廠、印度廠，均是美國 iPhone 手機的代工組裝大廠。

**（四）和泰汽車：**

核心能力，就是對 TOYOTA 及 LEXUS 兩大品牌汽車的行銷廣告及業務銷售能力。

**（五）王品餐飲：**

核心能力，就是對旗下 26 個多元化且不同餐飲品牌的營運能力。

**（六）TVBS 電視台：**

核心能力，就是以新聞台為主力的新聞製作能力。

總之，任何一家企業經營，最優先的首要任務，就是要培養出該公司的最關鍵核心能力。而一家企業的「核心能力」，主要可表現在以下十大項：

1. 研發與技術核心能力。
2. 設計核心能力。
3. 製造（製程）核心能力。
4. 品質核心能力。

5. 銷售核心能力。
6. 行銷核心能力。
7. 物流核心能力。
8. 服務核心能力。
9. 門市店營運核心能力。
10. 新品開發核心能力。

**圖2-1(1)** 企業「核心能力」

「核心能力」
（core competence）

● 一家企業最重要、最核心、最關鍵的能力

**圖2-1(2)** 企業可表現的「十大核心能力」

| | | | |
|---|---|---|---|
| **1.** 研發與技術核心能力 | **2.** 設計核心能力 | **3.** 製造（製程）核心能力 | **4.** 品質核心能力 |
| **5.** 銷售核心能力 | **6.** 行銷核心能力 | **7.** 服務核心能力 | **8.** 門市店營運核心能力 |
| **9.** 物流核心能力 | **10.** 新品開發核心能力 | | |

## 二、何謂「競爭優勢」？有哪些面向的競爭優勢？

### （一）所謂「競爭優勢」（competitive advantages）

就是指，相對於產業上或市場上的競爭對手或競爭品牌，我們公司擁有哪些可以勝過、贏過競爭對手的優勢及強項是什麼？在哪裡？優勢有多大？有多持久？優勢容不容易被跟上？被模仿？

### （二）企業可打造哪些競爭優勢？

那麼，一家企業可以打造及培養出哪些產業及市場上的競爭優勢呢？計有如下 10 項競爭優勢可努力著手培養：

1. 成本競爭優勢：

　　成本競爭優勢，主要表現在原物料及零組件採購成本、製造成本及物流成本等三大項目上，企業應努力想方設法從這三大面向努力降低成本，以取得成本競爭優勢。在製造成本上，由於中美兩大國的競爭及地緣政治風險之故，外商及台商很多都從中國遷廠到東南亞（泰國、越南、馬來西亞）、印度、墨西哥等地。

2. 研發及技術競爭優勢：

　　在研發及技術方面，也可以形成一個很強大的競爭優勢。例如：台灣的半導體產業、電子產業、資通信產業等三大產業，相對於其他日本、韓國、中國、美國、歐洲等五大地區，在研發及技術面向，都要強很多，而這就是台灣高科技產業的優勢。例如：台積電、聯發科、大立光、鴻海、廣達、仁寶、英業達、緯創、台達電等數百家高科技公司均屬之。

3. 製造及良率競爭優勢：

　　台灣高科技產業在製造（製程技術）及高良率等方面，也有很強大競爭優勢，雖然大部分是代工製造，但這方面，我們強大製造能力，也是勝過美國、歐洲及日本的。

4. 規模化競爭優勢：

　　講到零售百貨業、服務業、連鎖店業、傳統製造業等，就要談到如何打造出規模化（經濟規模化）的競爭優勢，就是很重要的事。

　　例如：

(1) 統一超商（6,900 店）。

(2) 全聯（1,200 店）。

(3) 家樂福（330 店）。

(4) 寶雅（360 店）。

(5) 大樹藥局（270 店）。

(6) 八方雲集（1,000 店）。

(7) 王品餐飲（320 店）。

上述這些零售業、餐飲業的產業界第一名店數多，就形成了很強大的經濟規模的競爭優勢，別人要跟他們第一大企業競爭或超越，是很困難的。

5. 產品設計、外觀、功能的差異化、獨特性競爭優勢：

例如：汽車產業的外觀設計及內裝設計，對汽車的銷售都很重要，像和泰代理 TOYOTA 汽車，每年推出一款新車型，每年都賣得很好，市占率 33% 第一高。此外，產品具有跟競爭對手的差異化、特色化、獨特性等，也都是競爭優勢的重要來源。

6. 品牌競爭優勢：

像歐洲名牌精品：LV、GUCCI、HERMÈS、DIOR、CHANEL、Prada 等，或是歐洲名牌汽車：Benz、BMW、保時捷、法拉利、瑪莎拉蒂、勞斯萊斯、藍寶堅尼等；這些名牌精品、名牌豪華車、名牌手錶等，都因具有百年全球化知名品牌而具有強大競爭優勢，亞洲國家很難跟他們競爭。

7. 先入市場競爭優勢：

有些企業，已經 50 年或 100 年以上，因享有早年先入市場優勢，也是後發品牌不易相與之競爭的。例如：統一企業的食品及飲料產品，就具有先入市場已 55 週年優勢；像台灣松下 Panasonic 在台灣家電市場已 60 週年優勢，也很難有競爭對手。

8. 大者恆大競爭優勢：

現在企業經營，便有大者恆大優勢存在，例如：全聯超市全台 1,200 店第一大，統一超商全台 6,900 店第一大，統一企業食品集團全台第一大，台灣松下 Panasonic 全台家電業第一大，和泰汽車銷售全台第一大等，這些大企業，不僅具先入市場優勢，更具有大者恆大的大企業競爭優勢，也是很難有人跟他們相競爭的。

9. 人才競爭優勢：

像台積電公司的研發中心，計有 8,000 人之多的研發工程師，二成具理工科博士學位，六成具碩士學位，全台最強大的科研人員大部分都集中到竹科的台積電研發中心大樓，這也是一種強大競爭優勢，連韓國三星公司及美國英特爾公司的研發人才都趕不上台積電。

10. 地點及位地競爭優勢：

　　最後一個優勢，就是具有地點及位地的競爭優勢，例如：位在南投日月潭旁邊的雲品大飯店、位在台北市忠孝東路及復興南路捷運路線上的台北 SOGO 忠孝館及復興館等，他們的業績都很好，主因之一，就是地點位置很好，帶動業績很好，這也是他們的競爭優勢之一，別人很難趕上。

### 圖2-1(3)　何謂競爭優勢？

競爭優勢
competitive advantage

- 企業在激烈競爭中，可以勝過競爭對手的原因及所在

### 圖2-1(4)　企業展現競爭優勢十大項目

| | |
|---|---|
| 1. 成本競爭優勢 | 6. 品牌競爭優勢 |
| 2. 研發及技術競爭優勢 | 7. 先入市場競爭優勢 |
| 3. 製造及良率競爭優勢 | 8. 大者恆大競爭優勢 |
| 4. 規模化競爭優勢 | 9. 人才競爭優勢 |
| 5. 設計、外觀、功能差異化與獨特性競爭優勢 | 10. 地點及位地競爭優勢 |

### 三、成功案例

案例 1　統一超商

→ 核心能力：
1. 展店能力強大。
2. 鮮食品類創新能力強大。
3. 廣告宣傳能力強大。

→ 競爭優勢：
1. 店數保持最多，且遙遙領先優勢。
2. 大店數占比最多優勢。
3. 每店平均每日營收最多優勢。
4. 行銷廣告費投入最多優勢。

案例2　台積電

→ 核心能力：
1. 研發與技術能力強大。
2. 製造良率能力強大。

→ 競爭優勢：
1. 先進晶片遙遙領先優勢。
2. 國外大客戶信賴優勢。
3. 生產良率很高優勢。

## 四、領導力與核心能力暨競爭優勢之關係

　　企業最高領導人及各部門、各廠、各中心一級主管領導人等，應努力用心在各自領域、各個工作面向上，打造出企業最強大、最關鍵，以及可以勝出競爭對手的「核心能力」及「競爭優勢」；對於較弱項目及較無競爭優勢的地方，亦應訂定計劃與目標，積極有效的加以補強及提升，使企業在各個方面，都能展現出持續性、強大的「全面競爭優勢」出來。

**圖2-1(5)　領導力與核心能力暨競爭優勢之關係**

- 企業最高領導人
- 各部門、各廠一級主管領導人

↓

用心、努力的領導出及打造出：強大核心能力與全面性競爭優勢

# MEMO

# 領導力修煉 2

# 領導力與創新

# 領導力與創新

## 一、彼得·杜拉克名言：不創新，即死亡

美國企管大師祖彼得·杜拉克，在 1960 年代開創「管理學」知識時，就提出「Innovation, or die」（不創新，即死亡）的管理名言；60 多年後，直到今天，「創新」，依然是企業經營的最重要主題及最關鍵核心能力之一，顯示，創新知識至今依然重要無比。另外，又有很多企業卓越經營者，也提出下列名言：

1. 不斷創新，是為了能夠不斷活下去。
2. 唯有創新，才能保持領先。
3. 唯有創新，才能持續成長與永續經營下去。

**圖2-2(1) 「創新」名言**

「創新」名言
→「不創新，即死亡。」
→「不斷創新，是為了不斷活下去。」
→「唯有創新，才能保持領先。」
→「唯有創新，才能持續成長及永續經營下去。」

## 二、創新產品成功案例

茲圖示創新成功的產品案例如下：

**圖2-2(2) 國內外創新成功的產品案例**

| 1.iPhone 手機 | 2. iPad | 3. Facebook（社群平台） |
| --- | --- | --- |
| 4. IG（社群平台） | 5. Google（搜尋平台） | 6. ChatGPT（生成式 AI） |

| | | |
|---|---|---|
| 7. YT（YouTube）影音平台 | 8. AIPC | 9. AI 伺服器 |
| 10. AI 手機 | 11. AI 晶片 | 12. 電動車 |
| 13. 變頻冷氣機 | 14. Dyson 吸塵器 | 15. 高價旅遊團（20 萬～ 70 萬元） |
| 16. 超商 大店化／複合店化 | 17. CITY CAFE（超商咖啡） | 18. TOYOTA 豪華車系列 |
| 19. 大型休旅車 | 20. momo 電商平台 | 21. SOGO 百貨改裝 |
| 22. 台積電先進晶片（3 奈米／ 2 奈米） | 23. ETF 國內股票型基金 | 24. 歐洲名牌精品 |
| 25. 歐洲名牌豪華車 | 26. 超商鮮食品類 | |

## 三、創新成功的效益

上述各項產品及經營模式的重大創新，帶來很多正面效益：

1. 大大改變全世界、全產業。
2. 帶給人類更大的福祉、進步、與美好生活。
3. 為企業開創更多新營收及新獲利。
4. 更多新企業誕生。
5. 企業不斷在大幅進步中。
6. 大幅提升企業的整體競爭力。

## 四、企業「創新」從哪裡著手？（十七個面向）

具體來說，在實務上，企業要創新，可以從下列各種面向著手啟動對廣大消費者更多、更新、更棒的創新，如下圖示：

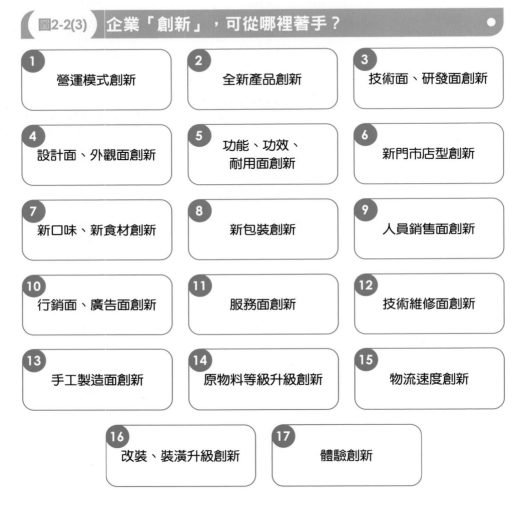

圖2-2(3) 企業「創新」，可從哪裡著手？

**1** 營運模式創新

**2** 全新產品創新

**3** 技術面、研發面創新

**4** 設計面、外觀面創新

**5** 功能、功效、耐用面創新

**6** 新門市店型創新

**7** 新口味、新食材創新

**8** 新包裝創新

**9** 人員銷售面創新

**10** 行銷面、廣告面創新

**11** 服務面創新

**12** 技術維修面創新

**13** 手工製造面創新

**14** 原物料等級升級創新

**15** 物流速度創新

**16** 改裝、裝潢升級創新

**17** 體驗創新

## 五、企業應具有創新的負責部門

企業界具體負責創新的部門，計區分為兩大類：

| 圖2-2(4) | 企業兩大類創新部門 |
| --- | --- |

| 1. 主要負責創新部門 | 2. 支援創新部門 |
| --- | --- |
| (1) 研發部（R&D） | (1) 財務部　　　　(7) 採購部 |
| (2) 技術部 | (2) 資訊部　　　　(8) 製造部 |
| (3) 商品開發部 | (3) 法務部 |
| (4) 門市店營運部 | (4) 經營企劃部 |
| (5) 銷售部／營業部／專櫃部 | (5) 物流部 |
| (6) 行銷部 | (6) 服務部 |

全方位推動具體創新成果出現

## 六、對創新成功的「獎勵」

公司領導階層必須對各部門有具體創新成果的事實，給予大大與適時的獎勵才行，包括：

### （一）獎勵時間點：

可區分「定期性」與「及時性」獎勵兩種。有些可以定期性獎勵，有些則要立即、及時性的獎勵，不能拖太久。

### （二）獎勵人員：

可區分為「個人獎勵」及「團隊獎勵」兩種。個人獎勵，是針對有重大創新的個人，給予獎勵；另一個是給予團隊整體的獎勵。

### （三）獎勵的實質內容：

獎勵的內容，最主要就是發給重大的金錢（獎金）鼓勵。例如：最近台積電就曾對研發人員及研發團隊的突破性成果，發放「特別貢獻獎金」，金額從數十萬元到上千萬元之間。

除了獎金之外，像獎牌、獎狀、獎杯也是必要的發放，當做紀念性贈品。此外，國外旅遊招待、汽車贈獎、黃金贈獎等，也都是常見的。

**圖2-2(5)** 對創新成功的「獎勵」

| 1. 獎勵時間點 | 2. 獎勵人員 | 3. 獎勵實質內容 |
|---|---|---|
| (1) 定期性獎勵 | (1) 個人獎勵 | (1) 以獎金為主（10萬元～1,000萬元） |
| (2) 立即性獎勵 | (2) 團隊獎勵 | (2) 其他：汽車、黃金、國外旅遊 |

## 七、將創新融入企業文化、組織文化中

此外，公司最高領導人也必須將整個創新的制度、氛圍、工作等，有效的融入整個企業文化及組織文化中；使「創新」，成為企業組織的 DNA 及重要成分、思維與行動，更為重要。

**圖2-2(6)** 將創新融入企業文化及組織文化中

創新的思維及行動 ➡ 
- 融入組織文化及企業文化中
- 成為企業的 DNA
- 打造成：創新型企業

## 八、推動創新的步驟

企業高階領導層一定要把企業帶向一個「具創新型的優質企業」目標前進。所以，一定要有步驟的推進，包括：

第一，宣傳創新的重要性。

第二，建立創新的專門負責單位。

第三，設立創新的機制、制度、與計劃。

第四，具體推動的落實執行。

第五，最後，要給予獎勵、肯定、鼓舞。

第六，融入企業文化、組織文化中的一環。

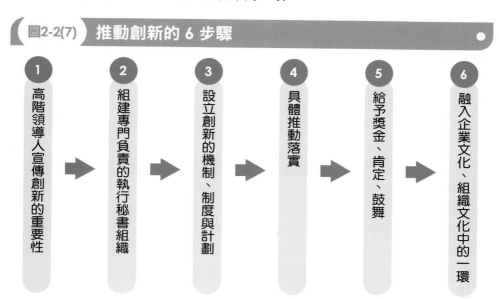

圖2-2(7)　推動創新的 6 步驟

1 高階領導人宣傳創新的重要性

2 組建專門負責的執行秘書組織

3 設立創新的機制、制度與計劃

4 具體推動落實

5 給予獎金、肯定、鼓舞

6 融入企業文化、組織文化中的一環

九、小結：打造出「具創新型的卓越、優質企業」為終極目標

最後，高階領導層必須以打造出「具創新型的優質、卓越企業」為終極目標。

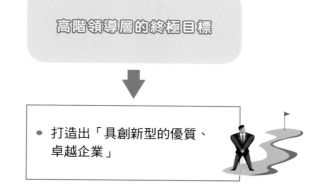

高階領導層的終極目標

● 打造出「具創新型的優質、卓越企業」

# MEMO

# 領導力修煉 3

# 領導力與環境 3 抓

一　應對環境變化的重要性

二　外部大環境變化的影響項目有哪些？（19 個項目）

三　企業高階領導階層必須做好「環境 3 抓」工作

四　近年來，環境變化下的有利商機產業別

五　成立「環境應變小組」專責單位及人員，並每月提出報告

# 領導力與環境 3 抓

## 一、應對環境變化的重要性

企業高階領導層必須要特別注意到外部大環境變化，對企業所產生的有利與不利影響結果，這些影響性又涉及到企業當年度及未來年度的營運績效好或不好的嚴肅問題。舉例來說：

**案例 1　不利環境變化的影響性：**

全球在 2020 年～2022 年的幾年時間，各國都受到新冠疫情（Covid-19）的嚴重影響，使得國內的航空業、旅行社、五星級大飯店、一般旅館、餐飲業等都受到極大傷害影響，業績都大幅下滑及虧損。直到 2023 年度疫情遠離，國內上述虧損行業才回復正常營運。

**案例 2　2023 年度台灣出口外銷產業衰退、無薪假增多：**

台灣在 2023 年度，由於全球半導體、電子業、機械業、自行車業等，市場庫存高，必須消化庫存，因此，國外訂單減少很多，使台灣上述出口業均衰退，甚至放無薪假，此亦顯示出，台灣出口產業受全球經濟景氣影響很大，必須重視環境變化。

**案例 3　中國停止對台灣 ECFA 的關稅優惠：**

中國在 2023 ～ 2024 年，陸續停止對台灣關稅優惠（ECFA），使台灣的石化業、機械業、紡織業，受到很大出口大陸的業績的衰退不利影響。

## 二、外部大環境變化的影響項目有哪些？（19 個項目）

企業在經營上，面對國內及國外大環境有利與不利的影響項目，大致有如下圖示 19 大項：

### 圖2-3(1)　外部大環境變化影響企業經營的 19 個項目

| | |
|---|---|
| 1.　全球地緣政治與戰爭環境變化 | 2.　美、中兩大國的競爭與對抗環境變化 |
| 3.　美國升息環境變化 | 4.　全球通膨環境變化 |

| | |
|---|---|
| 5. 全球經濟景氣、經濟成長率環境變化 | 6. 全球進出口貿易及訂單環境變化 |
| 7. 全球科技環境變化 | 8. 全球各國匯率環境變化 |
| 9. 全球減碳法規環境變化 | 10. 全球及台灣少子化環境變化 |
| 11. 全球及台灣老年化、高齡化環境變化 | 12. 全球經濟合作組織體環境變化 |
| 13. 國內外產業及市場競爭程度環境變化 | 14. 國內外產業結構環境變化 |
| 15. 台灣內需市場景氣環境變化 | 16. 全球供應鏈與代工狀況環境變化 |
| 17. 印度、東南亞、墨西哥三地區代工廠崛起 | 18. 台商回流回台灣的環境變化 |
| 19. 台灣年輕人低薪與高房價環境變化 | |

## 三、企業高階領導階層必須做好「環境 3 抓」工作

企業高階領導層面對前述的外部大環境諸多的變化及有利與不利的影響下，應該做好作者本人所強調的「環境 3 抓」：

**圖2-3(2)　環境 3 抓**

| 1. 抓環境變化<br>（change） | 2. 抓環境趨勢<br>（trend） | 3. 抓環境新商機<br>（new opportunity） |
|---|---|---|

才能對企業產生正面有利影響

## 四、近年來,環境變化下的有利商機產業別

茲整理近一、二年來,由於外部大環境變化下,使有利商機產生的產業別,包括如下各行業生意都很好、業績及獲利也很好:

**圖2-3(3)　有利環境下,受惠的賺錢產業別**

| | | |
|---|---|---|
| **1** 航空業生意很好 | **2** 旅行社生意很好 | **3** 餐飲業生意很好 |
| **4** 五星級大飯店業生意很好 | **5** 汽車業銷售生意很好 | **6** 金融銀行業生意很好 |
| **7** 藥局連鎖店生意很好 | **8** 零售業生意很好(百貨公司、超市、超商) | **9** AI 晶片業、AIPC 業、AI 伺服器業生意很好 |
| **10** 中老年人保健食品業生意很好 | **11** 長照業生意很好 | |

## 五、成立「環境應變小組」專責單位及人員,並每月提出報告

面對國內、國外大環境加速的變化與各種有利、不利趨勢下,很多大企業的組織內部,都已經成立「環境應變小組」的專責組織及人員,每個月負責提報一次「每月環境變化與應變對策報告」,提供給公司內部各部門一級主管領導人及公司最高階領導人了解、討論,以及下決策之用。

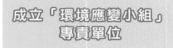成立「環境應變小組」專責單位

- 每月提報一次:「每月環境變化與應變對策報告」
- 給各部門一級主管及最高階領導人了解、討論,以及下決策之用

領導力修煉 **4**

# 領導力與布局未來（超前布局）

# 領導力與布局未來（超前布局）

## 一、隨時準備好第二條、第三條成長曲線

企業高階領導群的重大責任之一，就是要做好、做到：

1. 要提前「布局未來」及「超前布局」。
2. 要隨時準備好第二條、第三條成長曲線。

沒有企業可以五十年、一百年、二百年永遠在經營原有的固定產品，像全球最大的 LV 精品集團已有 150 多年歷史之久，但它仍是不斷推出新品牌、新產品線、新產品品項及新行銷廣告宣傳。台灣的統一企業、台灣松下 Panasonic、愛之味等企業，也都超過 60 年，迄今仍經營的很好，仍然不斷在成長、進步中。

企業必須有「居安思危」及「危機感」要不斷去思考、分析、檢討、準備、規劃及展開收關未來五年、十年、二十年的第二條及第三條成長曲線。例如：統一企業，早期只做國內的食品／飲料市場，後來又開發出第二條成長曲線，即統一超商集團，30 多年來，每年已創造出 3,000 億元的合併營收；後來，又進軍中國內需市場，創造出第三條成長曲線，近年又併購法商的家樂福零售公司，又長出第四條 1,000 億元的成長曲線來。

圖2-4(1) 為未來成長，不斷做準備

❶ 永遠要提前
「布局未來」及「超前布局」

➕

❷ 要隨時準備好
第二條、第三條成長曲線

永保集團及公司的持續性成長及永續性經營

## 二、70%做現在的事業，30%做未來型的事業

（一）企業高階領導群的每年工作時間分配，應該是：

- 70%做現在的事業
- 30%做未來的事業

（二）花 70％的時間、人力及精力，做現在的、當年度的、當月的、當天的重要工作任務，最重要的就是：每個月的營收及獲利達成率做好、做到。記住，沒有現在，也就不會有未來，要把每天的業績做好才行，這是基本工作任務。

（三）另外，再 30％的時間、人力及精力，做未來性、前瞻性、明日之星的新事業、新產品、新產業的高瞻遠矚布局。如此，能夠兼具現在型＋未來型的事業布局，才是最好的經營結構布局。

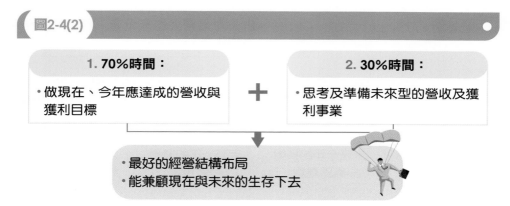

圖2-4(2)

| 1. **70％時間**： | + | 2. **30％時間**： |
|---|---|---|
| ・做現在、今年應達成的營收與獲利目標 | | ・思考及準備未來型的營收及獲利事業 |

・最好的經營結構布局
・能兼顧現在與未來的生存下去

## 三、短期及中長期經營計劃制訂及內容

很多日本上市大公司，都會定期對外發布他們的短期及中長期經營計劃報告；他們的期間區分大致如下：

1. 短期經營計劃（1-3 年）
2. 中期經營計劃（4-5 年）
3. 長期經營計劃（6-10 年）

如此現在 2024 年來看，日本大企業的「長期經營計劃書」，已具備從 2024 年～ 2034 年的極前瞻性眼光與視野。在這個長期十年經營計劃書的報告中，主要包括八大項：

1. 未來十年的事業成長戰略規劃。
2. 未來十年的技術戰略規劃。
3. 未來十年的財務戰略規劃。

4. 未來十年的人才戰略規劃。

5. 未來十年的高附加價值戰略規劃（高值化戰略）。

6. 未來十年的 ESG 戰略規劃。

7. 未來十年後的願景規劃。

8. 未來十年後的經營績效目標（營收、獲利、EPS、ROE、企業市值）。

**圖2-4(3)**

日本大型上市公司 ➡ ● 中長期經營計劃書公布（2024 年～ 2034 年）

**圖2-4(4)** 中長期（2024 ～ 2034 年）經營計劃大綱項目

| **1** 未來十年的成長戰略規劃 | **2** 未來十年的技術戰略規劃 | **3** 未來十年的財務戰略規劃 | **4** 未來十年的人才戰略規劃 |

**5** 未來十年的高附加價值規劃（高值比規劃）

**6** 未來十年 ESG 戰略規劃

**7** 未來十年後的願景規劃

**8** 未來十年後的經營績效目標（營收、獲利、EPS、ROE、企業市值）

## 四、短／中／長期經營計劃推動部門

日本上市大公司都會設立「經營企劃部」或「戰略規劃部」或「經營戰略推動委員會」的組織部門，專責未來短、中、長期經營計劃及經營戰略的推動統籌單位。

圖2-4(5)

| |
|---|
| ・經營企劃部<br>・經營戰略推動委員會 |

**＋**

| |
|---|
| ・總公司　　　　・各產品群<br>・各事業群　　　・各品牌群<br>・各事業部　　　・各幕僚群<br>・各子公司（全球） |

**推動公司及集團短、中、長期經營戰略及經營計劃的具體進度**

## 五、未來兩大成長方向及領域

任何企業對未來的營運成長，大概有兩大成長方向及領域：

圖2-4(6)　**企業未來兩大成長方向及領域**

| ❶ 深耕既有事業的<br>商品及服務 | ❷ 開拓新事業、<br>新領域的商品及服務 |
|---|---|

**＋**

**持續公司未來性的成長營運**

茲舉例如下：

案例1　和泰汽車

圖2-4(7)

| ❶<br>既有汽車銷售之深耕 | ❷ 開拓週邊新事業<br>（車貸、車保險、汽車租賃） |
|---|---|

**＋**

領導力修煉 4

領導力與布局未來（超前布局）

案例 **2** 遠東集團

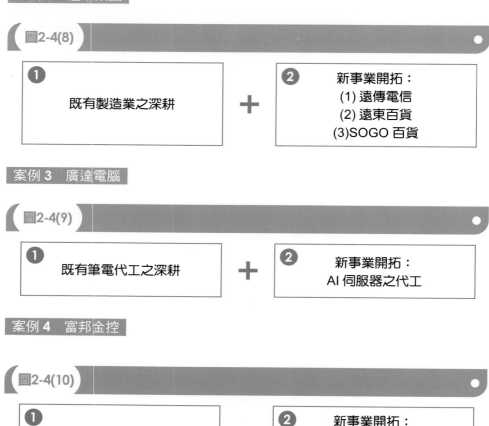

圖2-4(8)

❶ 既有製造業之深耕

**+**

❷ 新事業開拓：
(1) 遠傳電信
(2) 遠東百貨
(3)SOGO 百貨

案例 **3** 廣達電腦

圖2-4(9)

❶ 既有筆電代工之深耕

**+**

❷ 新事業開拓：
AI 伺服器之代工

案例 **4** 富邦金控

圖2-4(10)

❶ 既有金控之深耕

**+**

❷ 新事業開拓：
(1) 台哥大電信
(2)momo 電商
(3) 有線電視

## 六、「布局未來」的應準備重大事項

　　企業對未來中長期五年～十年成長事業布局及推動，必須先做好四件大事：一是人才準備好、二是財資金準備好、三是技術準備好、四是組織準備好。這四件大事，必須同步、同時做好準備，才能有效且成功的推動未來五～十年的中長期事業營運及成長型目標達成。

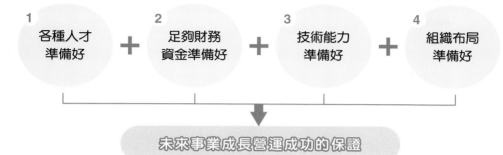

圖2-4(11) 「布局未來」的 4 大應準備事項

| 1 各種人才 準備好 | + | 2 足夠財務 資金準備好 | + | 3 技術能力 準備好 | + | 4 組織布局 準備好 |

未來事業成長營運成功的保證

## 七、領導力與布局未來

　　企業高階領導群（董事長、總經理、副總經理層級）必須認真負責對公司五～十年中長期成長的經營戰略與經營計劃布局及落實發展。企業高階領導群，除應做好每年度預算目標達成之外，更應多花一些時間，在未來五～十年的事業成長的戰略規劃及戰略思考準備上，才能長期三十年、五十年的持續及永續經營下去。

# MEMO

## 領導力修煉 **5**

# 領導力與 SWOT 分析

# 領導力與 SWOT 分析

## 一、何謂 SWOT 分析？

所謂 SWOT 分析，即是企業面對自身的強弱項，以及面對外在環境的機會與威脅，所做的全面性分析、檢討及應對策略。SWOT 的原意為：

1. S：Strength，企業的強項、優點、長處。
2. W：Weakness，企業的弱項、劣點、短處。
3. O：Opportunity，企業面對環境所帶來的機會與新商機。
4. T：Threat，企業面對環境所帶來的威脅與風險。

另有一種說法，即

1. SW 分析：即針對公司自身的優劣勢做分析。
2. OT 分析：即針對公司外部環境的商機與威脅做分析。

**圖2-5(1) SWOT 分析**

**SW 分析**

| S | | W |
| --- | --- | --- |
| • Strength<br>• 優勢、強項、長處 | **VS.** | • Weakness<br>• 劣勢、弱項、短處 |

**OT 分析**

| O | | T |
| --- | --- | --- |
| • Opportunity<br>• 機會、商機 | **VS.** | • Threat<br>• 威脅、風險 |

## 二、SWOT 分析的案例

舉例如下：

## （一）外在商機

1. 老年化：老年化帶來各大醫院、各大連鎖藥局、各大保健食品／營養品廠商等，他們的生意都很好。

2. 外食化：各種餐廳、各種早餐店、各種超商的鮮食便當等，他們的生意都很好。

3. 旅遊化：國外各種旅遊團、各航空公司、各五星級大飯店等，他們的生意都很好。

4. 電動車化：美國特斯拉（Tesla）及中國比亞迪，以及其他歐洲、日本大汽車廠，推出電動車，生意都很好。

5. AI化：AI晶片、AIPC（AI筆電）、AI伺服器、AI手機、生成式AI（ChatGPT）等都是2024年之後，形成的最新商機。

**圖2-5(2)　外在新商機產生**

| 1 | 2 | 3 | 4 | 5 |
|---|---|---|---|---|
| 老年化<br>新商機 | 外食化<br>新商機 | 旅遊化<br>新商機 | 電動車化<br>新商機 | AI化<br>新商機 |

## （二）外在威脅

1. 少子化：

(1) 近年來，台灣、日本、韓國、中國及其他國家，都面臨少子化危機。30年前，台灣一年的新生嬰兒達40萬人，如今，到2023年時只剩下13.5萬人，少到2/3，只剩1/3新生人口。

(2) 少子化危機及威脅，最明顯的就是台灣的私立大學及私立科大，都面臨招不到學生，必須倒閉關門的困境，目前已倒掉十多所私大，未來還會更多倒閉。

(3) 此外，嬰兒奶粉、嬰兒紙尿布、嬰兒用品等產品銷售也會同比例衰退、減少業績。

2. 國產車：

近幾年，歐洲及日本進口車的銷售占比已提升到占一半之多，此對國產汽車的銷售將形成威脅及打擊。

### 三、每季專人提報 SWOT 分析及應對策略

　　企業內部組織的「經營企劃部」，應該每季一次，專人提報該季內的 SWOT 四種面向分析，並提出應對策略，包括四大方向：

1. 如何進一步發揮、擴大 S（優勢、強項、長處）。
2. 如何進一步強化、改善 W（劣勢、弱項、短處）。
3. 如何進一步掌握 O（新商機、新機會）。
4. 如何進一步避掉 T（新威脅、新風險）。

**圖2-5(3)　如何運用 SWOT ？**

| **S** | **W** |
|---|---|
| ● 如何進一步發揮、擴大公司的優勢、強項及長處 | ● 如何進一步改善、加強公司的弱點、劣勢、短處 |
| **O** | **T** |
| ● 如何進一步掌握、抓住外在的新商機、新契機 | ● 如何進一步避掉外在的新威脅、新風險 |

### 四、SWOT 的四種應對策略

**圖2-5(4)　SWOT 的四種應對策略**

| | S：強項 | W：弱項 |
|---|---|---|
| **O：新商機** | 1. 採取：<br>積極搶入新商機策略 | 2. 採取：<br>有效改善自我弱項策略 |
| **T：新威脅** | 3. 採取：<br>有效保護、防禦既有事業策略 | 4. 採取：<br>盡速退出、不再介入策略 |

如上圖所示，企業可在各種狀況下，分別採取四種可能的策略：

策略1：當企業面對外部有新商機，又是公司強項時，此時，應採取：積極搶入新商機策略，以獲取更大獲利商機。

策略2：採取有效改善自我弱項策略，以去爭取外在新商機。

策略3：採取保護及防禦既有事業策略。

策略4：最後，當企業面對外部威脅，且又是我們的弱項時，應盡速退出，不再介入策略，以避免損失過大。

## 五、領導力與 SWOT 關係

企業高階及各部門一級主管領導群們，在營運過程中，必須定期的、認真的、用心的關注 SWOT 分析，包括：

1. 認真看待公司內部的強項／弱項，以及優點／缺點：如何有效的多利用公司的強項及優點去開拓生意及事業，以及有計劃性改善公司自身的弱點及缺失，讓公司未來競爭力可以更加強大。

2. 用心洞察公司外部環境變化：察覺環境變化之下，所帶來的新商機與新威脅，然後有效抓住新商機，以及避掉新威脅。

**圖2-5(5)　領導力與 SWOT 關係**

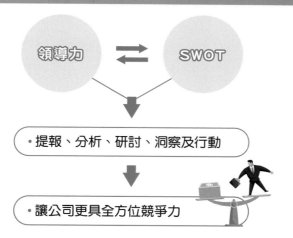

# MEMO

# 領導力修煉 **6**

# 領導力與財務資源（深口袋）

# 領導力與財務資源（深口袋）

## 一、財務資源很重要

企業經營過程中，要靠 4 種資源才能運作：人力資源、財務資源、設備資源、技術資源。財務資源，就是其中的一種重要不可或缺的資源。因為，在下列各種狀況中，企業都必須有足夠資金奧援才能完成，包括：

1. 公司要擴張、要成長、要投資新事業。
2. 公司要併購。
3. 公司要布局全球，要投資海外。
4. 公司要加速展店。
5. 公司要蓋新工廠。
6. 公司要建物流中心。

### 圖2-6(1) 公司須要大額資金支援原因

| 1 | 2 | 3 |
|---|---|---|
| 公司要擴張、成長、投資新事業 | 併購 | 布局全球，投資海外 |

| 4 | 5 | 6 |
|---|---|---|
| 加速展店 | 蓋新工廠 | 建物流中心 |

## 二、全聯案例

國內近年來新崛起的全台第一大超市全聯福利中心，近 25 年來已開設近 1,200 家 300 坪大的超市，加上興建物流中心、生鮮處理中心、蔬菜處理中心等，累計多年來投入超過 100 億元的資金，才能打造出今天的超市王國。該公司董事長林敏雄表示，全聯在拓店 250 店以前，都是虧損的，這期間都是仰賴他自己的「元利建設公司」的資金來奧援的。所以，可顯見今天的全聯超市是用巨大資金投入所打造出來的。

**圖2-6(2)**

| 全聯超市：<br>全台 1,200 店＋物流中心 | ➡ | 耗資100億元打造<br>出來的 |

### 三、企業經營財務資金十大來源

企業經營的財務資金來源，計有 10 種方式，如下：

1. 找銀行貸款或聯貸。
2. 找大股東持續投入資金、增資。
3. 努力申請 IPO（上市櫃成功掛牌），從資本市場取得大眾資金。
4. 發行公司債，募集資金。
5. 找私募基金投資。
6. 找新股東（個人或公司）投入資金。
7. 過去賺錢的累積盈餘（未分配盈餘）。
8. 變賣資產（土地或大樓）而取得資金。
9. 由集團關係企業投入資金。
10. 找銀行小額信用貸款。

**圖2-6(3)　企業財務資金 10 大來源**

| 1. 找銀行貸款或<br>聯貸 | 2. 找大股東<br>持續增資，<br>投入資金 | 3. 努力申請<br>IPO 上市櫃<br>掛牌，從資本<br>市場取得資金 | 4. 發行公司債，<br>募集資金 |
| --- | --- | --- | --- |
| 5. 找私募基金<br>投資 | 6. 找新股東<br>（個人或友好公<br>司）投入資金 | 7. 過去賺錢的<br>未分配累積盈餘 | 8. 變賣資產<br>（土地或大樓） |
| | 9. 由集團關係<br>企業奧援資金 | 10. 找銀行小額<br>信用貸款 | |

## 四、領導力與財務資金關係

　　公司的財務資金來源，基本上是一家公司的「財務長（或財務副總）」所必須負責的；另外，公司老闆或董事長也會負責這方面的責任。總之，財務長及董事長這兩位高階領導人，共同負責著公司現在及未來營運成長所必須的財務資金來源。一家公司如果能步入正常獲利經營，那就足以支撐其每年成長的財務資金需求。所以，公司一定要能賺錢、要能獲利，獲利才是能長期經營下去的王道。

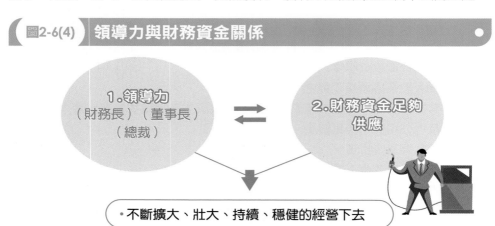

圖2-6(4)　**領導力與財務資金關係**

1.領導力
（財務長）（董事長）
（總裁）

2.財務資金足夠
供應

・不斷擴大、壯大、持續、穩健的經營下去

# 領導力修煉 7

# 領導力與人才資源

# 領導力與人才資源

## 一、人才資源的重要性

1. 人才，是公司最重要的資產及資本，沒有人才，就沒有公司。
2. 得人才者，得天下也。
3. 天下，是員工打出來的。

## 二、人才資源管理的 6 大重點

就企業經營實務來說，人才資源管理的 6 大重點，如下圖示：

**圖2-7(1) 人才資源管理 6 大重點**

| 1. 招募人才<br>（招募到好人才） | 2. 培訓人才<br>（培訓出好人才） | 3. 用人才<br>（適所、適才） |
| --- | --- | --- |
| 4. 晉升人才（優秀好人才，要加以提拔） | 5. 激勵人才（對人才，是給予激勵及獎勵） | 6. 留住人才（對好人才，要留住他們） |

**發揮人才資源對公司營運的最大價值出來**

## 三、人才 7 大類型

　　各行各業有他們不同的人才需求重點，例如：對高科技公司來說，研發人員，以及技術人員就非常重要，像台積電、聯發科、鴻海、廣達、台達、仁寶、大立光、玉晶光等公司來說，公司第一重要的人才，就是 R&D（研發）人才。

　　但是，對一般日用品、消費品來說，行銷人員及營業人員就很重要，而這些傳統產業，就比較不需要 R&D 研發人員。再例如，對汽車公司及名牌精品公司，他們的設計人員就很重要了。總的來說，企業界大概需求 7 大類型人才，如下圖示：

## 圖2-7(2) 人才需求 7 大類型

| 1. 專業幕僚型人才 | 2. 研發、技術型人才 | 3. 銷售、行銷型人才 | 4. 工廠、製造型人才 |
|---|---|---|---|

| 5. 門市店型營運人才 | 6. 全球化派赴型人才 | 7. 經營型、領導型人才 |
|---|---|---|

打造出公司卓越經營的優良人才團隊

上述專業型幕僚人才，又包括：

## 圖2-7(3) 專業幕僚型人才

| 1. 財會 | 2. 人資 | 3. 企劃 | 4. 資訊 | 5. 法務 |
|---|---|---|---|---|
| 6. 採購 | 7. 品管 | 8. 客服 | 9. 稽核 | 10. 股務 |
| 11. 公關 | 12. 發言人 | 13. 設計 | 14. 特助 | 15. 總務 |

### 四、經營型／領導型人才最需要

　　企業是一個團隊，當然需要各類型人才，但是，有一種人才是重中之重，也是最稀缺的人才，那就是：經營型人才及領導型人才。所謂「經營型人才」及「領導型人才」，即是有如下要件：

1. 屬於未來總經理、董事長、執行董事級的高階領導人。
2. 能夠具體幫公司營運及賺錢獲利的領導人。
3. 具旺盛企圖心、挑戰心、熱情心、創造性及創新型的高階人才。
4. 能在逆境中翻轉公司命運的高階領導人。

**圖2-7(4)** 最需人才：經營型＋領導型人才

**1.** 屬於未來總經理、執行董事、董事長級的高階領導人

**2.** 能夠具體幫公司營運及賺錢的生意領導人

**3.** 具旺盛企圖心、挑戰心、創造性及創新型的高階人才

**4.** 能在逆境中翻轉公司命運的高階人才

## 五、好人才、優秀人才的基本條件

綜合來說，對好人才、優秀人才的基本條件要求，大概具有八項：

**圖2-7(5)** 優秀人才的 8 個基本條件

**1** 具某個領域的專業能力

**2** 要有好品德、好品格

**3** 肯做事、有熱情

**4** 能不斷學習及成長的

**5** 具創新、創造、挑戰的心

**6** 對公司有向心力、忠誠度的

**7** 可團隊合作的

**8** 具領導力的

## 六、人才資源最新趨勢：D、E、I

何謂 D、E、I，即要做到人才資源的 3 項要求，包括如下圖示：

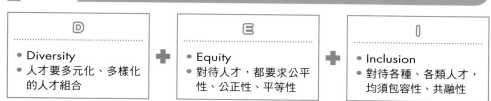

圖2-7(6) **D、E、I的 3 大趨勢**

| D | E | I |
|---|---|---|
| • Diversity<br>• 人才要多元化、多樣化的人才組合 | • Equity<br>• 對待人才，都要求公平性、公正性、平等性 | • Inclusion<br>• 對待各種、各類人才，均須包容性、共融性 |

## 七、領導力與人才資源關係

總結來說，領導力要展現在人才資源上，要做好三件大事：

1. 做董事長及總經理的最高階領導人：一定要培養出你們的「未來接班人」，包括：五年後、十年後的董事長及總經理接班人在哪裡。
2. 平常就要做好對各部門一級主管副總經理級、協理級、處長級的領導人培訓工作。
3. 對未來十年、二十年後年輕型的潛在、潛力人才的培訓工作、發掘工作及晉升工作。

圖2-7(7) **未來 3 層次領導人培育**

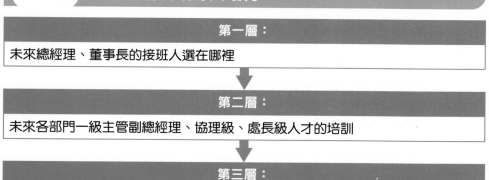

**第一層：**

未來總經理、董事長的接班人選在哪裡

↓

**第二層：**

未來各部門一級主管副總經理、協理級、處長級人才的培訓

↓

**第三層：**

未來年輕型、有潛力型人才的培訓及提拔

# MEMO

領導力修煉 **8**

# 領導力與決策管理

# 領導力與決策管理

## 一、3 種決策模式

提到企業內部的決策模式,主要有 3 種,如下圖示:

**圖2-8(1)　3 種決策模式**

| 1. 老闆個人獨斷模式 | ・此指:大部分公司重大決策,均由老闆自主獨斷方式,老闆是至高無上的決策者。 |
| 2. 團隊決策模式 | ・此指:大部分決策,均由決策小組或一級主管開會討論而形成的共識決策。 |
| 3. 老闆＋團隊混合模式 | ・此指:上述兩種模式的混合模式與兼具模式。 |

上述 3 種模式,一般來說:

### (一)中小企業或小企業:

由於組織不算太大,大抵是老闆一個人說了算的決策模式較常見。

### (二)上市櫃大公司:

由於組織規模較大,人才平均素質較高,此時,較常見的是團隊決策模式較多。

### (三)第三種混合模式:

會是經常看到的,也以中大型公司居多。

## 二、公司重要決策領域(18 種)

一家公司到底有哪些重要決策,必須由老闆或高階領導層來下最後決策?主要有:

**圖2-8(2)　一家公司的重要決策案例**

1. 國內外重要投資決策案件
2. 國內外重要擴廠投資案件
3. 國內外重要併購投資案件
4. 國內銀行聯貸決策案件

5. 國內外策略聯盟決策案件

6. 中長期研發與技術發展方向之決策

7. 國內外重要客戶（B2B）取捨決策

8. 重大製造設備採購決策

9. 重大轉投資子公司決策

10. 重大高階人事決策

11. 新事業開拓決策

12. IPO 上市櫃決策

13. 財務增資決策

14. 股利發放決策

15. 重大每年資本支出預算決策

16. 布局全球化決策

17. 高值化經營方向決策

18. 發展自我品牌決策

### 三、對重大決策的分析、評估、抉擇注意點（11 要點）

在實際執行上，對公司重大各項決策的分析、評估及抉擇的注意點，包括如下 11 要點：

**圖2-8(3) 重大決策分析、評估及抉擇的注意點**

| | |
|---|---|
| 1. 盡可能有充足數字分析過程 | 2. 必須備有成本／效益兩面向分析 |
| 3. 過往一些成功或失敗經驗，可供參考，但不是 100%參照 | 4. 盡可能市場各種資訊情報要充足 |
| 5. 必須兼顧長期與短期的觀點 | 6. 重要與不算重要的決策區別對待 |
| 7. 決策是急迫性與非急迫性區別 | 8. 多種決策方案並呈，從不同角度去分析 |
| 9. 戰略與戰術視野的區別 | 10. 最大風險如何？是否影響到根本？ |
| 11. 對公司核心能力與競爭優勢的影響性評估 | |

## 四、如何培養及提高個人決策能力？（**9** 個作法）

企業的任何重大決策，當然都是很重要的，那究竟要如何培養及提高每個主管個人的決策能力呢？主要有九種作法，如下：

**圖2-8(4)** 培養及提高主管個人決策能力九種作法

**1.**
多歷練公司各項職位、職務

**2.**
多累積工作上的真實經驗

**3.**
多學習老闆及高階決策層的各項開會指示、裁示重點及思維

**4.**
多看商業書籍、財經雜誌、經濟性報紙

**5.**
多請教、諮詢外面的各領域專家學者

**6.**
多傾聽各部門、各一級主管的意見及經驗

**7.**
多方搜集各方足夠資訊，成為個人知識庫

**8.**
多接受公司各種訓練課程，以累積知識。

**9.**
多參與外面各種好的演講會及研討會

## 五、決策的重要性及領導力關係

企業每天營運過程中，一定會遇到各領域、各專業、各種狀況下與短／中／長期的各項重要決策，必須及時給予決策，絕不能拖延，更不能下錯決策；否則，將引起更大的公司受害及損傷。因此，各部門、各工廠、各中心的一級主管（副總經理級、廠長級、處長級），以及最高的總經理及董事長，甚至於在更高層級的董事會，都必須謹慎但又快速且精確的做出各種重大決策。

圖2-8(5)

領導力 **+**
- 各部門一級主管（副總級）
- 最高決策主管（總經理、董事長）

- 謹慎、快速、精確的做出各種重大經營決策

- 公司與集團才能成功、卓越、永續的走下去

圖2-8(6)

- 董事長／總經理
- 各部門副總經理

- 做好重大決策能力的培養及訓練

# MEMO

# 領導力修煉 **9**

# 領導力與每月損益表檢討

# 領導力與每月損益表檢討

## 一、損益表是什麼？有何重要性？

（一）「損益表」（income statement）：看出公司每個月損益（賺錢或虧錢）狀況的財務報表。

（二）損益表也是一家公司最重要的 3 種財務報表之一；它們功能分別是：

    1. 損益表：看出每月賺錢或虧錢的報表。

    2. 資產負債表：看出公司的資產、負債、股東權益等三者數字的報表。

    3. 現金流量表：看出公司某一期間的現金餘量有多少或是不足有多少的報表。

（三）總之，損益表就是一家公司老闆每個月必看的最重要財務報表。

## 二、損益表公式及各種比率

（一）損益表是全世界各國通用的財務報表，其公式如下：

### 圖2-9(1) 損益表公式

$$
\begin{array}{r}
營業收入 \\
-\ 營業成本 \\
\hline
營業毛利 \\
-\ 營業費用 \\
\hline
營業損益 \\
\pm\ 營業外收支 \\
\hline
稅前營業損益
\end{array}
$$

（二）從損益表中，可看出重要的各項比率，如下：

    1. 成本率 $= \dfrac{營收成本}{營業收入}$

    2. 毛利率 $= \dfrac{營業毛利}{營業收入}$

3. 費用率 $= \dfrac{營業費用}{營業收入}$

4. 營業損益率 $= \dfrac{營業損益}{營業收入}$

5. 稅前損益率 $= \dfrac{稅前營業損益}{營業收入}$

## 三、何謂「三率三升」的好企業？

所謂「三率三升」的好企業、優良企業，係指它的三率：

1. 毛利率。
2. 營業利益率（營業淨利率）。
3. 稅前淨利率。

均比去年同期或上月同期都要上升、更好的表現。例如：

1. 毛利率：從 35% 上升到 40%。
2. 本業淨利率：從 8% 上升到 10%。
3. 稅前淨利率：從 9% 上升到 10%。

企業的高階領導群們，就是要做好、做到：每個月、每一年，均能「三率三升」的優良企業。

圖2-9(2)　「三率三升」的優良企業

## 四、從損益表看，一家公司為何會虧錢？

每個月從損益表看，一家公司為何會虧錢？主要可歸納為五大原因：

1. 營收不足（業績不好）。
2. 成本偏高（製造成本或進貨成本偏高）。
3. 毛利率偏低（定價偏低）。
4. 費用率偏高（營業費用偏高）。
5. 營業外支出偏高（包括：轉投資子公司虧錢、匯兌損失）。

企業高階領導群可以根據上述五大原因，逐項去改善它們，終使公司轉虧為盈，開始有獲利、賺錢。

**圖2-9(3)** 從損益表看，一家公司為何會虧損？

| 1. 營收不足 | 2. 營業成本過高 | 3. 毛利率偏低 | 4. 營業費用過高 | 5. 營業外支出過高 |

每月使公司虧損、不賺錢

## 五、如何改善公司虧損？如何使公司轉虧為盈？

那麼，一家公司如何從損益表達成轉虧為盈呢？主要有五種方向努力改善：

**圖2-9(4)** 從損益表看，如何使公司轉虧為盈

1. 努力增加營業收入（增加業績）
2. 努力降低製造成本
3. 努力提高毛利率
4. 努力降低營業費用
5. 努力控制營業外支出

## 六、一家公司如何改善營業收入不足（業績不足）？（12 種作法）

　　「營業收入」是一家公司損益表上，最重要的一項，如果此項目不佳，那公司每月可能就要虧錢。要如何改善營業收入不足？如下圖示的 12 種作法與努力：

**圖2-9(5)　如何改善營業收入不足？**

| | | |
|---|---|---|
| **1** 加強產品力（品質、設計、顏值、功效、耐用、外觀、包裝……） | **2** 加強行銷廣告宣傳 | **3** 加強品牌力提升（品牌知名度、好感度、信賴度） |
| **4** 加強 OMO（線上＋線下）全方位通路上架。 | **5** 加強促銷檔期活動 | **6** 檢討定價合宜性 |
| **7** 加強產品多樣化、多元化 | **8** 加強服務力，提升滿意度 | **9** 加強會員深耕、經營、回饋 |
| **10** 加強公益形象提升 | **11** 加強產品創新、革新 | **12** 加強門市店型革新 |

## 七、獲利是王道

　　從損益表看，一家公司的最終「獲利」（profit），才是真正王道；因為，舉凡：獲利率、EPS（每股盈餘）、ROE（股東權益報酬率）、股價等四大指標，均與

公司的「獲利」狀況息息相關；只要獲利好、提高、增多，那上述四大指標也都會轉好。

## 八、領導力與損益表關係

一家公司的領導力好不好、強不強，最終看的是「損益表」上的各項指標數字，這些數字指標好看、更高，那這家公司的領導力，就算是成功與卓越的。

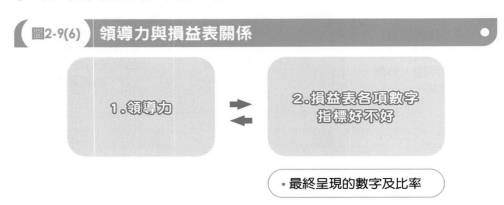

圖2-9(6)　領導力與損益表關係

1.領導力　→←　2.損益表各項數字指標好不好

・最終呈現的數字及比率

# 領導力修煉 **10**

## 領導力與授權

# 領導力與授權

## 一、授權的意義

所謂「授權」，就是指：公司將各種權力，層層下授給部屬。例如：董事長授權給總經理、總經理授權給各部門副總經理、副總經理授權給經理人員等，這就是授權的意思。

## 二、權力下授的對象種類及層級種類

就實務來説，權力下授的對象種類，計有如下圖示：

### 圖2-10(1) 權力下授的對象種類

1. 對營業人員在第一線的權力下授

2. 對原物料採購人員的權力下授

3. 對製造現場人員的權力下授

4. 對研發與技術人員的權力下授

5. 對財務人員的權力下授

6. 對行銷廣宣人員的權力下授

7. 對資管人員的權力下授

8. 對門市店人員的權力下授

9. 對客服人員的權力下授

### 圖2-10(2) 權力下授的 4 種層級對象

| 第1層：董事長 | 第2層：總經理 | 第3層：一級主管 | 第4層：二級主管 |
|---|---|---|---|
| ・授權給總經理 | ・授權給部門一級主管（副總、處長、協理） | ・授權給二級主管（經理、副理、課長） | ・授權給第一線人員（門市店長、銷售人員、店員） |

## 三、授權的好處

企業採取適當授權，可以得到如下好處及優點：

領導力修煉 **10**

領導力與授權

**圖2-10(3) 授權的 6 大好處**

| | | |
|---|---|---|
| **1.**<br>可以培養各階層主管的<br>思考力及決策能力 | **2.**<br>可以養成各級主管的<br>當責心及責任感 | **3.**<br>可以培養各級主管<br>人才的出現 |
| **4.**<br>可以使各級主管對公司<br>有參與感及向心力 | **5.**<br>可以給予各級主管的<br>工作成就感 | **6.**<br>可以讓第一線員工能夠<br>及時應變及快速應變 |

## 四、授權的作法

企業在實務運作上，所採取的授權作法，大概如下：

1. 訂定各部門、各領域、各專業及各主管等級的可以授權辦法規定與制度：
   並且在一開始，就適度放寬授權的幅度。
2. 每年檢討一次授權的辦法規定及制度：並進一步合理化的再放寬授權幅度。
3. 對於少數高階決策的事項：仍保持原規定，以避免公司發生授權錯誤的
   重大疏失與損失。

**圖2-10(4) 授權的 2 種作法**

**1.可以授權的事項**

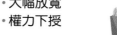
・大幅放寬
・權力下授

**2.不宜授權的事項**

・仍採原規定，權力暫不
下授

# MEMO

# 領導力修煉 **11**

# 領導力與成長戰略

# 領導力與成長戰略

## 一、企業「成長戰略」的重要性

在企業所有戰略裡面，最重要且最具長期性前瞻眼光的，就是：「成長戰略」。企業要永續經營下去，最重要的根本核心，就是要：永遠保持成長下去，包括：營收成長、獲利成長、事業版圖成長、事業領域成長、企業總市值成長等五大成長下去。

**圖2-11(1) 企業永保五種成長**

| 1. 事業版圖成長 | 2. 事業領域成長 | 3. 營收成長 | 4. 獲利成長 | 5. 企業總市值成長 |

## 二、企業成長戰略的兩大方向與領域

在實務上，企業成長戰略可區分為兩個大方向，包括：

### （一）持續深耕既有事業戰略：

包括深耕既有的產品、既有的市場、既有的技術、既有的店數等。

**圖2-11(2) 持續深耕既有事業戰略**

| 1. 深耕既有產品 | 2. 深耕既有市場 | 3. 深耕既有技術 | 4. 深耕既有店數 |

↓

・在既有事業領域，持續深耕下去

### （二）開拓新興事業戰略：

另一個戰略方向，就是要轉向開拓新興事業與新興領域。

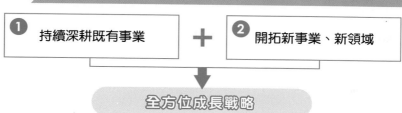

**圖2-11(3)** 企業成長戰略的兩大方向

① 持續深耕既有事業 ＋ ② 開拓新事業、新領域

全方位成長戰略

### 三、成長戰略的 3 種作法

企業成長戰略的方法，有三種：

#### （一）併購戰略：

透過不斷併購，以壯大自己的事業。例如：全聯超市、佳世達、富邦金控、國泰金控、統一企業、台哥大、遠傳電信、鴻海等均是。

#### （二）自己投入戰略：

不採取併購手法，完全依賴自己的投入而擴大。

#### （三）結盟戰略：

例如：鴻海與裕隆汽車合資合作電動車研發製造公司（鴻華先進公司）。

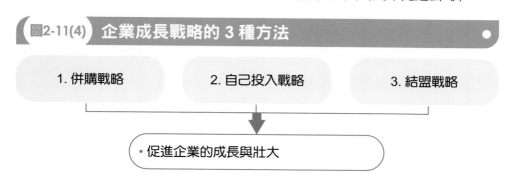

**圖2-11(4)** 企業成長戰略的 3 種方法

| 1. 併購戰略 | 2. 自己投入戰略 | 3. 結盟戰略 |

・促進企業的成長與壯大

### 四、水平與垂直整合成長戰略

另外一種成長戰略，我們稱為：水平整合與垂直整合成長戰略。

#### （一）水平整合戰略：

即是指同一行業內水平方向的整合成長；例如：台哥大合併台灣之星電信；

以及遠傳電信合併亞太電信，均屬於水平式的整合成長戰略。

## （二）垂直整合戰略：

即是指同一行業內的垂直整合成長。例如：寬宏展演公司，從國內外表演團體接洽、引進代理，到小巨蛋表演、電腦售票、行銷廣告及現場燈光布置等，屬於垂直型工作的一條龍整合作業。

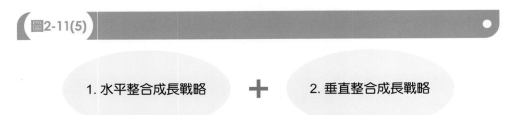

圖2-11(5)

1. 水平整合成長戰略　＋　2. 垂直整合成長戰略

## 五、布局全球的成長戰略

再有一種成長戰略，是從國內外市場來看的，包括二種：第一種，專注國內（台灣）市場。第二種，布局全球市場。有大企業或自己國家市場太小，就必須走向全球化市場，才能延續成長。

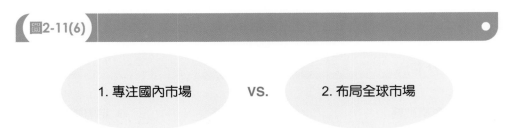

圖2-11(6)

1. 專注國內市場　VS.　2. 布局全球市場

## 六、推動成長戰略應該準備的兩大工作

任何企業，要具體推動成長戰略之前，應該準備好最重要的兩件事情：一是，資金力。企業或集團版圖要擴大、要成長，就必須要有充足資金力的準備才行，這資金力可能是數十億到數百億元的準備。這資金力的準備來源，可能：

1. 來自銀行貸款。
2. 來自 IPO 上市櫃。
3. 來自大股東增資。
4. 來自過去以來的累積盈餘。

5. 來自私募基金或別公司入資。

二是，人才力。企業要擴大事業版圖，就必須準備好：
1. 跨業、跨領域人才。
2. 經營型、領導型人才。
3. 各類多樣化、多元化（diversity）專業人才。

 推動成長戰略的兩大準備工作

**① 資金力** + **② 人才力** ➡ **有效推動成長戰略的實現**

**七、成功開拓新版圖、新事業的成長戰略案例**

　　茲圖示如下成長戰略案例如下：

圖2-11(8) **遠東集團**

| 既有事業 | 成功：新事業開拓 |
| --- | --- |
| 1. 製造業 <br> 2. 船運業 |  1.SOGO 百貨　　　4. 遠傳電信 <br> 2. 遠東百貨 <br> 3. 新竹遠東巨城 |

圖2-11(9) **富邦金控集團**

| 既有事業 | 成功：新事業開拓 |
| --- | --- |
| 1. 銀行 <br> 2. 證券 <br> 3. 保險 |  1. 台灣大哥大電信 <br> 2.momo 電商 <br> 3. 凱擘有線電視 |

**圖2-11(10)　統一企業集團**

| 既有事業 | 成功：新事業開拓 | |
|---|---|---|
| 1. 食品業<br>2. 飲料業 | 1. 統一超商<br>2. 菲律賓 7-11<br>3. 星巴克 | 4. 康是美<br>5. 統一時代百貨<br>6. 家樂福 |

## 八、領導力與成長戰略之關係

　　企業高階領導群們，最重要的任務核心，就是：分析、討論、準備、規劃及推動未來 3 年～ 10 年的中長期事業版圖的成長戰略，以保持企業能夠長期的、永續性的經營下去。

**圖2-11(12)　領導力與成長戰略之關係**

領導力　⇄　成長戰略推動

・確保集團事業版圖的擴大、壯大及成長下去

# 領導力修煉 **12**

# 領導力與行銷

# 領導力與行銷

## 一、何謂「行銷」？

我們回到原先的「行銷」（marketing）定義上。行銷的英文是「marketing」，是市場（market）加上一個進行式（ing），故形成「marketing」。此意是指：「廠商或企業在某些市場上，展開一些促進他們把產品銷售給市場的消費者，以完成雙方交易的任何活動，這些活動都可以稱之為行銷活動。而最後消費者在購買產品或服務之後，即得到了充分的滿足其需求。」

因此，如下圖所示，廠商行銷的最終目標，主要有兩個：第一個是滿足消費者的需求；第二個是要為消費者創造出更大的價值。

### 圖2-12(1) 廠商行銷活動

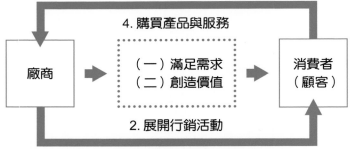

行銷的重要性：行銷與業務是公司很重要的部門，它們共同負有將公司產品銷售出去的重責大任，也是創造公司營收及獲利的重要來源。

## 二、何謂「顧客導向」？

堅守「顧客導向」的信念，並用心且用力去實踐它。各大知名企業的「行銷名言」：

1. 日本三得利飲料公司：「要比顧客還要更知道顧客。」
2. 日本花王：「我們所做的一切都是為了顧客。」
3. 日本日清公司：「顧客的事，沒有我們不知道的。」

4. 美國 P&G：「顧客就是我們的老闆。」
5. 台灣統一超商：「顧客的不滿意，就是我們商機的所在。顧客永遠會不滿意的，故新商機永遠存在。」
6. 日本 7-11：「要從心理層面洞察顧客的一切。」
7. 日本豐田汽車：「滿足顧客的路途，永遠沒有盡頭。」
8. 台灣王品餐飲公司：「每一個來店顧客，都是我們的 VIP 客戶。」
9. 日本迪士尼樂園公司：「100 – 1 = 0，不是 99 分。」（意指不容許有任何一個顧客不滿意）
10. 日本資生堂：「要永遠為顧客創造美的人生。」
11. 日本小林製藥：「全事業群部門人人每月一次新產品創意提案，即可滿足顧客需求，實踐顧客導向。」
12. 台灣松下 Panasonic：「要永遠貼近顧客的需求及期待。」
13. 中華電信：「為了顧客，我們永遠走在最前面。」
14. 台灣花王：「要站在顧客的視點，深入了解顧客，並提早、主動洞悉他／她們的需求及喜愛。」

## 三、消費者的需求是什麼？

總括來說，消費者的需求可能包括下面各項：
1. 低價需求、平價需求。
2. 物超所值需求、高 CP 值需求。
3. 便利性需求、很方便的需求。
4. 美的需求、生活更美好的需求。
5. 健康需求。
6. 安全需求、食安需求。
7. 新鮮需求。
8. 快樂需求、開心需求。
9. 情感需求、感動需求。
10. 尊榮、榮耀需求。
11. 快速需求。
12. 品質需求、高品質需求、穩定品質需求。
13. 服務需求、頂級服務需求、客製化服務需求。
14. 其他需求。

企業提供的產品及服務，即在滿足上述消費者心中的各種需求，也是廠商平常努力的經營根本基礎點。

## 四、如何實踐、做好顧客導向？做好 VOC（傾聽顧客心聲）

五大方向：

1. 定期進行顧客滿意度及顧客需求調查：了解顧客滿意度是上升、持平或下降，並且趕快做好改善計畫。
2. 不斷創新產品及創新服務：從創新中了解顧客是否接受，並滿足這些產品與服務。
3. 定期召集第一線門市店長、專櫃櫃長及業務人員開會討論與精進：從開會中共同集思廣益，可以為顧客做更好的服務與產品研發需求。
4. 參考國外先進國家及公司的優良做法：借鏡學習、加速自己進步。
5. 經常性在 FB 臉書粉絲專頁及官網中，詢問顧客還需要什麼產品及服務，隨時傾聽顧客心聲（Voice of Customer, VOC）。

## 五、行銷「S-T-P」總架構

### （一）定義：

所謂「目標行銷」（target marketing），係指廠商將整個大市場（whole market）細分為不同的區隔市場（segment target）；然後針對這些區隔化後之市場，設計相對應的產品及行銷組合，以求滿足這些區隔目標之消費群，並進而達成銷售目標。

### （二）步驟：

1. 市場區隔化（Market Segmentation, S）：

首先必須先依據特定的區隔變數，將整個大市場，區隔為幾個不同類型的市場，並以不同的產品及行銷組合準備因應，且評估每一個區隔化後市場之吸引力與潛力規模。

2. 目標市場選定（Market Targeting, T）〔或鎖定目標客層（Target Audience, TA）〕：

大市場經過區隔後，即需針對每一個區隔市場進行考量、分析評估，然後選定一個或數個具有可觀性之市場作為目標市場；也有廠商把它解釋成鎖定目標客群，即鎖定 TA 為何。

3. 產品定位（Product Positioning, P）（或品牌定位、市場定位）：

即指替產品及品牌訂出競爭優勢的位置及定位特色所在，並且依此位置研訂詳細之行銷 4P 組合以為之配合。

（三）關聯圖：

**圖2-12(2) S-T-P 關聯圖**

| （S）市場區隔化（Segmentation） | （T）鎖定目標客層（TA） | （P）產品定位（或品牌定位（Positioning）） |
|---|---|---|
| 1. 明確市場區隔化的基礎<br>2. 發展劃分後之區隔市場的圖像 | 3. 衡量各區隔市場的吸引力<br>4. 選定目標市場<br>5. 鎖定目標消費族群 | 6. 在每一目標市場發展產品定位<br>7. 在每一目標市場研究訂定行銷 4P 組合 |

**案例 1　統一超商 CITY CAFE 咖啡的 S-T-P 架構分析**

（一）區隔市場：

　　尋求便利、24 小時供應、平價，且外帶型的咖啡外食市場。

（二）鎖定目標客層：

　　鎖定白領上班族，女性為主、男性為輔，25 ～ 40 歲，一般所得者，喜愛每天喝一杯咖啡者。

（三）產品定位：

　　1. 整個城市都是我的咖啡館。

　　2. 平價、便利、外帶式的優質咖啡。

　　3. 便利超商優質好喝的咖啡。

　　4. 現代、流行、快速、24 小時的優質超商咖啡。

## 六、行銷 4P/1S/1B/2C 八項戰鬥力組合

在了解行銷 S-T-P 架構之後，就要進到行銷的主力核心內容，此即：同時、同步做好行銷 4P/1S/1B/2C 的八項戰鬥力組合。

**圖2-12(3) 行銷 4P/1S/1B/2C 八項戰鬥力組合**

**4P**

**1.Product：**
做好：產品力

**2.Price：**
做好：定價力

**3.Place：**
做好：通路上架力

**4.Promotion：**
做好：推廣力

**1S**

**1B**

**5.Service：**
做好：服務力

**6.Branding：**
做好：品牌力打造

**2C**

**7.CSR：**
做好：企業社會責任

**8.CRM：**
做好：會員經營

## 圖2-12(4) 行銷致勝架構圖

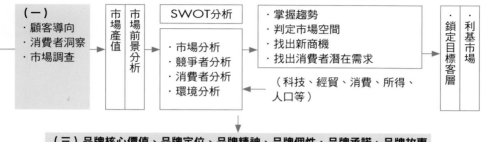

**（二）行銷策略分析與思考，以及整體市場與環境深度分析**

| （一） |   |   |
|---|---|---|
| ·顧客導向 | 市場產值 | 市場前景分析 |
| ·消費者洞察 |   |   |
| ·市場調查 |   |   |

**SWOT分析**

- ·市場分析
- ·競爭者分析
- ·消費者分析
- ·環境分析

- ·掌握趨勢
- ·判定市場空間
- ·找出新商機
- ·找出消費者潛在需求

（科技、經貿、消費、所得、人口等）

- ·鎖定目標客層
- ·利基市場

**（三）品牌核心價值、品牌定位、品牌精神、品牌個性、品牌承諾、品牌故事**

**（五）**

- ·行銷資源投入（大公司）
  ＋
- ·編定行銷預算與損益預算
  ＋
- ·行銷目標訂定
  ＋
- ·6W/3H/1E
- ·外部公司協助（廣告公司、媒體代理商、公關公司、活動公司、數位行銷公司、設計公司等）

**（四）行銷（4P/1S/1C組合策略與計畫）、檢視及發揮競爭優勢與強項**

1. 產品力
2. 通路力
3. 價格力
4. 服務力
5. 促銷活動力
6. 人員銷售組織力
7. 整合行銷傳播力
8. CSR企業社會責任

**（獨家賣點）**

- ·USP
- ·物超所值
- ·差異化
- ·品質力
- ·滿足需求
- ·設計創新
- ·附加價值
- ·多品牌策略
- ·特色化
- ·超越競爭對手
- ·技術創新領先

- ·多元通路及上架
- ·多頭並進
- ·直營門市店
- ·加盟店經營
- ·合理性
- ·平價奢華
- ·降低成本

- ·TVCF
- ·NP
- ·MG
- ·RD
- ·OOH（戶外）
- ·In-Store
- ·Internet
- ·PR
- ·Event
- ·CRM
- ·Slogan
- ·話題行銷
- ·置入行銷
- ·口碑行銷
- ·VIP行銷
- ·公仔行銷
- ·娛樂行銷

- ·異業行銷
- ·贊助行銷
- ·運動行銷
- ·旗艦店行銷
- ·代言人行銷
- ·故事行銷
- ·直效行銷
- ·集點行銷
- ·派樣
- ·社群行銷
- ·公益行銷
- ·體驗行銷
- ·FB行銷（粉絲行銷）
- ·LINE行銷
- ·KOL網紅行銷

**（六）行銷執行力＋精準行銷**

**（七）行銷成果與行銷效益的不斷檢討**

**（八）行銷策略與行銷計畫的不斷調整、應變、精進與創新（因應變化）**

## 八、領導力與行銷之關係

凡是日常消費品業、耐久性商品業、服務業、零售業、連鎖店業等都要非常注重「行銷」的功能，它有如在高科技業的研發（R&D）功能一樣的重要。在上述那些行業中，如果沒做好行銷工作，那他就很難在這個行業繼續做下去。

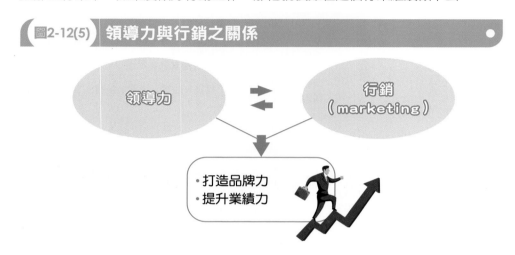

**圖2-12(5)** 領導力與行銷之關係

領導力

行銷（marketing）

‧打造品牌力
‧提升業績力

# 領導力與高值化（高附加價值）經營

| 一 | 高值化經營的重要性 |
|---|---|
| 二 | 高值化經營的成功企業 |
| 三 | 高值化從哪裡著手？（15 個面向） |
| 四 | 負責高值化的 9 個部門 |
| 五 | 如何落實高值化經營的 3 步驟 |
| 六 | 領導力與高值化經營之關係 |

# 領導力與高值化（高附加價值）經營

## 一、高值化經營的重要性

企業在競爭激烈的環境中，若是採取低附加價值經營，最終將陷入低價與低利潤的不利狀況中，會經營的很辛苦。企業若是有能力採取高附加價值、高值化的競爭策略，將會提高產品的售價，最終的獲利也會更好些。因此，有能力的企業應盡可能邁向「高值化經營」的路徑前行。

**圖2-13(1) 向高值化經營邁進**

・高值化經營
・高附加價值經營

・提高售價
・提高獲利
・卓越經營

## 二、高值化經營的成功企業

茲列舉國內外成功高值化經營的企業案例，如下圖示：

**圖2-13(2) 高值化經營的成功企業**

| 1. iPhone | 2. 英國 Dyson | 3. 歐洲精品：LV、GUCCI、HERMÈS、CHANEL、DIOR | 4. 雙 B 汽車 |
|---|---|---|---|
| 5. 歐洲名錶：ROLEX、PP 錶 | 6. 台積電 | 7. 大立光 | 8. 聯發科 |
| 9. 歐洲鑽錶：Cartier、Bulgari | 10. 三星手機 S 系列 | 11. SONY 電視機 | 12. 大金冷氣 |

| | | | |
|---|---|---|---|
| 13. Panasonic 電冰箱、洗衣機 | 14. ASUS 筆電 | 15. 101 精品百貨公司 | 16. 星巴克咖啡 |
| 17. TOTO 衛浴 | 18. 櫻花廚具 | 19. 雄獅高價旅遊 | 20. 蘭蔻 |
| 21. 亞詩蘭黛 | 22. SK-II | 23. 木崗高級蛋 | 24. 廣達 AI 伺服器 |
| 25. TOYOTA 高級車：Crown、Alphard、LEXUS、Century | | 26. 饗 A 高價自助餐廳 | |

## 三、高值化從哪裡著手？（15 個面向）

企業要落實高值化、高附加價值經營，可從下面各面向著手努力打造：

**圖2-13(3) 高值化著手 15 個面向**

| | | |
|---|---|---|
| 1. 技術高值化 | 2. 設計、外觀高值化 | 3. 功能、功效、耐用高值化 |
| 4. 新品開發高值化 | 5. 服務高值化 | 6. 行銷高值化 |
| 7. 品管高值化 | 8. 服務高值化 | 9. 行銷高值化 |
| 10. 品牌高值化 | 11. 省油、省電高值化 | 12. 採購高值化 |
| 13. 外包裝高值化 | 14. 賣場裝潢高值化 | 15. 新車型高值化 |

## 四、負責高值化的 9 個部門

　　企業內部負責高值化推動的部門，是一個團隊部門的共同努力，如下 9 個部門均有責任，在各自專業領域，去思考如何推動高值化，如下圖示：

圖2-13(4)　負責「高值化」的 9 個部門

| 1. 技術部（R&D 部） | 2. 商品開發部 | 3. 採購部 |
| 4. 設計部 | 5. 製造部 | 6. 品管部 |
| 7. 服務部 | 8. 銷售部 | 9. 行銷部 |

・具體落實高值化經營的展現

## 五、如何落實「高值化經營」的 3 步驟

　　具體來說，企業如何落實「高值化經營」，有 3 步驟可做：

1. 灌輸、強化各級領導主管的高值化觀念、思維與重要性。
2. 成立專責小組或委員會，負責推動執行，其名稱可為「高值化經營推動小組」或「高值化戰略推動委員會」。
3. 每年年初要求各主要部門及主管幹部，提報當年度的高值化推動具體計劃報告，並在上述推動委員會中提報、討論及決策。

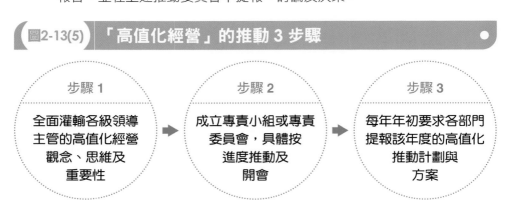

圖2-13(5)　「高值化經營」的推動 3 步驟

步驟 1
全面灌輸各級領導主管的高值化經營觀念、思維及重要性

步驟 2
成立專責小組或專責委員會，具體按進度推動及開會

步驟 3
每年年初要求各部門提報該年度的高值化推動計劃與方案

## 六、領導力與高值化經營之關係

　　高值化經營的具體推動及執行力展開，必須落實到各部門、各工廠、各中心去才行，因此，首要關鍵就是各該部門的一級主管及二級主管幹部們的全力配合才行；此時，各層級領導力的發揮與實踐，就是一個關鍵點。

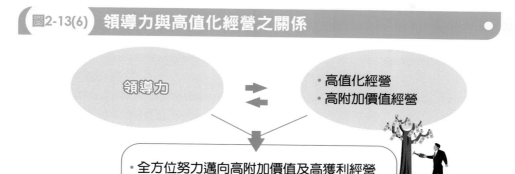

圖2-13(6)　領導力與高值化經營之關係

領導力

・高值化經營
・高附加價值經營

・全方位努力邁向高附加價值及高獲利經營

# MEMO

# 領導力修煉 **14**

# 領導力與經濟規模優勢創造

# 領導力與經濟規模優勢創造

## 一、經濟規模優勢很重要

　　企業經營，不管是零售業、餐飲業、服務業或製造業，有一個關鍵重點，就是一定要努力創造出「經濟規模」（economy scale）的競爭優勢出來，如此，才能永保較長期的領先優勢與高的進入門檻。

### 圖2-14(1)　經濟規模的 2 大優勢

經濟規模優勢很重要
（economy scale）

1. 長保競爭優勢
2. 較高的進入門檻

## 二、享有經濟規模優勢的企業案例

　　茲列出國內如下經濟規模優勢的成功企業案例：

### 圖2-14(2)　經濟規模優勢的成功企業案例

| 1. 超市業 | 2. 超商業 | 3. 量販店業 |
|---|---|---|
| ・全聯（1,200 店） | ・統一超商（6,900 店） | ・家樂福（330 店） |

| 4. 美妝 & 日用品業 | 5. 小型超市 | 6. 連鎖藥局 |
|---|---|---|
| ・寶雅（360 店） | ・美廉社（800 店） | ・大樹（270 店） |

| 7. 和泰汽車 | 8. 美式量販店 | 9. 餐飲 |
|---|---|---|
| ・年銷 15 萬輛汽車<br>・33%高市占率 | ・台灣好市多（Costco）（14 大店） | ・王品（26 個品牌，320 店） |

| 10. 百貨公司 |
|---|
| ・新光三越（19 個館） |

## 三、經濟規模效益的 5 個面向

企業經濟規模效益的種類，計有下列 5 個面向，如下圖示：

**圖2-14(3)** 經濟規模效益 5 個面向

1. 門市店數規模化效益

2. 生產／製造規模化效益

3. 銷售規模化效益

4. 採購規模化效益

5. 物流規模化效益

## 四、經濟規模效益的 6 項好處

另外，就經濟規模效益達成後的好處，如下圖示：

**圖2-14(4)** 經濟規模效益的 6 項好處

1. 採購成本較低好處

2. 進貨成本較低好處

3. 行銷廣告分攤成本較低好處

4. 物流成本較低好處

5. 幕僚人員費用分攤較低好處

6. 競爭的進入門檻較高好處

## 五、加速規模化的 4 個準備

企業在加速規模化、擴張化的過程中，必然要先做好一些必要準備才行，主要有 4 大準備，如下圖示：

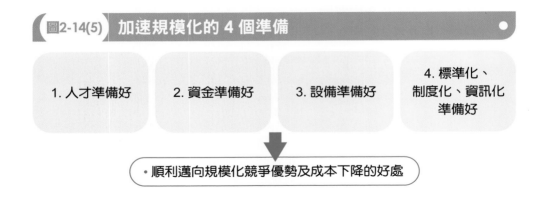

**圖2-14(5)** 加速規模化的 4 個準備

1. 人才準備好　　2. 資金準備好　　3. 設備準備好　　4. 標準化、制度化、資訊化準備好

• 順利邁向規模化競爭優勢及成本下降的好處

## 六、形成良性循環

企業一旦達到規模化之後，就可以形成良性循環，如下圖示：

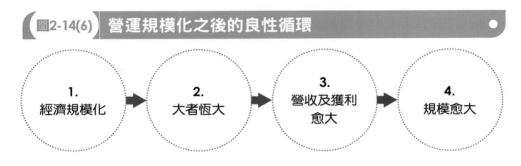

**圖2-14(6)** 營運規模化之後的良性循環

1. 經濟規模化　→　2. 大者恆大　→　3. 營收及獲利愈大　→　4. 規模愈大

## 七、領導力與經濟規模化之關係

企業的高階領導團隊，必須認識到企業營運的規模化優勢問題，必須很努力的做好準備，並不斷開拓各種的規模化效益產生，包括：製造的規模化、門市店數的規模化、銷售的規模化、採購的規模化、物流的規模化、產品品項的規模化等。

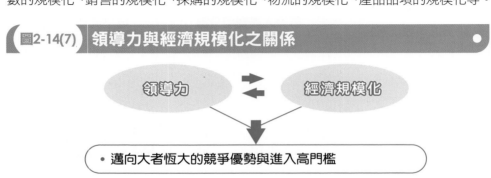

**圖2-14(7)** 領導力與經濟規模化之關係

領導力　⇄　經濟規模化

• 邁向大者恆大的競爭優勢與進入高門檻

# 領導力修煉 **15**

# 領導力與求新、求變、求快、求更好

# 領導力與求新、求變、求快、求更好

一、「求新、求變、求快、求更好」九字訣的意涵

　　企業高階領導團隊在面對外部環境多變的時刻，要牢牢記住企業經營致勝的關鍵九字訣的意涵，如下：

**圖2-15(1)　企業致勝九字訣：求新、求變、求快、求更好**

**1. 求新**
- 力求創新、新穎、新鮮、新口味、新車型、新包裝、新款式、新功能、新配方、新食材

**2. 求變**
- 力求要改變、要變革、要變化、要變更，唯有變，才能留住顧客

**3. 求快**
- 力求快速、敏捷、彈性、機動、靈活的應變、對策與執行力

**4. 求更好**
- 力求產品品質、設計、口感、顏值、包裝、質感、好吃、好看、好用、好穿、好開都更好、更進步

**圖2-15(2)**

| 1. 求新 | ✚ | 2. 求變 | ✚ | 3. 求快 | ✚ | 4. 求更好 |

・企業經營致勝的 4 大對策與目標

二、九字訣成功企業案例（15 家）

　　茲圖示如下在求新、求變、求快、求更好的成功企業案例：

圖2-15(3) 成功企業

## 1. 統一超商／全家

- 大店化
- 咖啡產品
- 鮮食產品
- 複合店化

## 2. 和泰汽車

- 每年推出一款新車型，有新鮮感

## 3. iPhone

- 每年推出一款新式 iPhone
- 迄今已到 iPhone16

## 4. 三陽機車

- 每年推出二款新機車、新功能、新造型，吸引年輕人

## 5. SOGO、新光三越百貨

- 每年固定改裝，引進新專櫃、新餐飲

## 6. Dyson

- 引進英國進口高檔吸塵器、吹風機、空氣清淨機

## 7. 寶雅

- 推出美妝＋日常用品的複合店

## 8. 大樹

- 推出專業連鎖藥局

## 9. 好市多（Costco）

- 台灣首家美式大型賣場

## 10. 新聞台

- TVBS、東森、三立、民視、年代新聞台求新／求變

## 11. 全聯

- 全台 1,200 家超市，最方便、最平價超市

## 12. 台積電

- 朝3奈米、2奈米、1.4奈米先進晶片突破前進

## 13. 三井

- 設立3個OUTLET PARK及3個LaLaport購物中心，引進日式購物中心

## 14. momo

- 300 萬品項
- 全台 24 小時到貨、台北 6 小時到貨
- 價格最低
- 全台最大電商

## 15. 麥當勞

- 24 小時歡樂送
- 數位點餐機
- 24 小時營運

領導力修煉 15

領導力與求新、求變、求快、求更好

131

### 三、企業如何做到、做好：「求新、求變、求快、求更好」這九字訣？

　　企業到底如何做到及做好「求新、求變、求快、求更好」的成功致勝九字訣呢？如下圖示：

**圖2-15(4)　做好九字訣的 5 個作法**

1. 由高階領導團隊，向全體幹部及全體員工傳達九字訣的觀念及重要性

2. 將九字訣深化及融入整個企業文化中

3. 由各階層主管、各部門主管率先作出典範作為及行動

4. 將九字訣的表現，納入全體員工的年終考績項目內，引起大家重視

5. 每年底，舉辦一場年度表揚大會，表揚各單位、各主管個人及團隊對九字訣有很好表現成果者

### 四、近幾年來，實踐九字訣的優良卓越企業案例

**案例1　統一超商（超商業第 1 名）**

1. 經常定期性推出新品項，例如：CITY PRIMA 精品咖啡、CITY 珍珠奶茶、星級饗宴（五星級大飯店聯名鮮食便當）、速食區等。
2. 持續快速拓店，已快突破全台 7,000 店。
3. 全力加速將小店更換為大店化。
4. 革新較舊門市店的裝潢升級。

**案例2　momo 電商（電商業第 1 名）**

1. 全台投資 100 億元，興建 3 個大型物流中心及中型 50 個各縣市衛星倉儲據點。
2. 總品項突破 350 萬個，總品牌數破 1.8 萬個，產品選擇非常多元化。
3. 全電商最低價，高 CP 值感。
4. 手機下單很快速、很方便。

（五）物流宅配速度很快，全台各縣市24小時到貨，台北市6小時到貨。

案例3　饗賓餐飲集團（餐飲業前3名；自助餐廳全台第1名）

全台最多型態及最多店的Buffet（吃到飽自助餐廳），計有5個Buffet品牌，如下：

1. 饗食天堂（每人份1,000元）。
2. 饗饗（每人份2,000元）。
3. 旭集（每人份2,000元）。
4. 饗A（每人份4,000元）。
5. 果然匯（素食）（每人份1,000元）。

案例4　SOGO百貨（全台第3大百貨公司）

年營收額已突破500億元，不斷保持5%～10%的成長率。

1. 經常性改裝，提升各樓層裝潢升級。
2. 經常引進新品牌、獨家型專櫃產品。
3. 引進受歡迎餐飲。

五、領導力與九字訣關係

企業高階領導團隊必須塑造每個成功公司必實踐經營致勝九字訣的要求，打造出更強大的競爭實力出來。

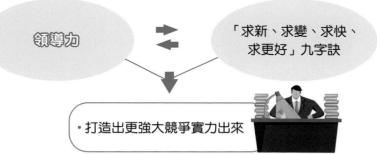

圖2-15(5)　領導力與九字訣關係

領導力 ⇄ 「求新、求變、求快、求更好」九字訣

・打造出更強大競爭實力出來

MEMO

# 領導力修煉 **16**

# 領導力與企業競爭策略

# 領導力與企業競爭策略

## 一、3 種企業競爭策略

美國波特教授早在 1980 年代就提出企業的基本競爭策略，主要有 3 種：

### （一）低成本策略（Low-cost strategy）：

以較低成本帶動較低售價、報價，而贏得客戶。

### （二）差異化策略（Differential strategy）：

以產品及服務的特色化、差異化、獨特性而贏得市場。

### （三）專注、聚焦策略（Focus strategy）：

將企業經營始終專注在某個產業上或產品上，而勝過對手。

---

**圖2-16(1) 企業 3 種基本競爭策略**

1. 低成本策略　→　2. 差異化策略　→　3. 專注、聚焦策略　➡　・企業經營致勝與勝出

---

## 二、低成本策略及其展現

低成本策略，也是很多企業採取的行動策略，它主要會運作在 3 種的低成本方向：

### （一）製造／生產的低成本：

例如：很多台商去中國、東南亞（越南、泰國、馬來西亞）、印度、墨西哥等較低成本生產地去製造產品。例如：台灣的鴻海、廣達、仁寶、英業達、緯創、和碩等電子代工大廠都是如此。

### （二）經濟規模效益的低成本：

例如：在零售業及連鎖店業等，像統一超商（6,800 店）、全聯（1,200 店）、全家（4,200 店）、寶雅（360 店）、家樂福（320 店）、康是美（400 店）等，均已達店數的經濟規模化，故採購進貨成本及整體營運成本均可較低些。

（三）製造量上的經濟規模效益化：

像日本 TOYOTA 豐田汽車公司的全年度 860 萬輛全球製造量，其製造成本及零件採購成本也可較低些。

**圖2-16(2) 低成本策略 3 個方向**

| 1. 大規模製造的低成本 | ＋ | 2. 赴東南亞、印度製造的低成本 | ＋ | 3. 門市店、連鎖店的規模化低成本 |

• 用較低成本取得市場競爭力

### 三、差異化策略及其展現

前述低成本策略，較多適用在製造業及連鎖零售業，但在一般消費品業及耐久財商品、科技 3C 商品，則採用差異化策略較多。差異化策略可展現在如下圖示的幾個方向：

**圖2-16(3) 差異化策略展現 7 個方向**

| 1. 產品差異化（功能、功效、耐用、口味、外觀、設計、包裝、配方、工法、車型） | 2. 服務差異化（客製、1 對 1 服務、VIP 服務） | 3. 門市店型差異化 |
| 4. 百貨公司差異化（改裝、裝潢升級、獨家專櫃） | 5. 賣場差異化（台灣好市多 Costco 的美式大賣場） | 6. 製造地差異化（Made in Japan，日本當地製造） |
| | 7. 行銷差異化（行銷、廣告、宣傳、聯名行銷、紅利點數） | |

## 四、專注、聚焦策略及其展現

很多成功的企業，他們仍然堅守在他們專注、聚焦的行業裡面，如下圖示：

**圖2-16(4)** 專注行業的成功企業

| | | |
|---|---|---|
| 1. 金蘭醬油<br>（專注醬油產銷） | 2. 萬家香醬油<br>（專注在醬油） | 1. 金蘭醬油<br>（專注醬油產銷） |
| 4. 大立光<br>（專注手機鏡頭） | 5. 聯發科<br>（專注 IC 設計） | 6. 台灣松下 Panasonic<br>（專注家電） |
| 7. 王品<br>（專注餐飲） | 8. 大金<br>（專注冷氣） | 9. SOGO<br>（專注百貨公司） |
| 10. 喜年來<br>（專注蛋捲） | 11. 新光三越<br>（專注百貨公司） | 12. 大樹<br>（專注藥局連鎖） |

## 五、差異化策略的成功案例

茲圖示如下採取差異化策略成功案例，如下：

**圖2-16(5)** 差異化策略成功案例

| | | |
|---|---|---|
| 1. 台灣好市多<br>（Costco） | 2. 三陽機車 | 3. 歐洲名牌精品 |
| 4. 歐洲豪華汽車 | 5. 特斯拉（Tesla）<br>電動車 | 6. 三井 OUTLET PARK |
| 7. Dyson 精品家電 | 8. 王品 6 個火鍋品牌 | 9. 愛之味分解茶 |
| 10. TOYOTA 豪華車 | 11. 美國、日本迪士尼<br>樂園 | 12. 台灣新聞台頻道 |
| 13. 寶雅（美妝生活品店） | 14. 新店裕隆城購物中心 | 15. 老協珍熬雞精 |

## 六、領導力與 3 種基本競爭策略之關係

　　企業高階領導團隊必須好好思考，如何運用這 3 種競爭策略，有效創造出企業真正的競爭力與競爭優勢出來。

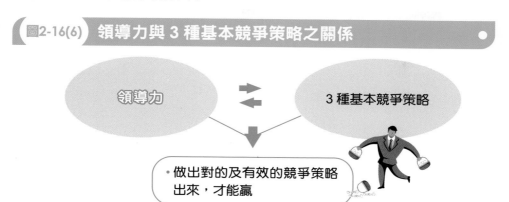

圖2-16(6) 領導力與 3 種基本競爭策略之關係

領導力

3 種基本競爭策略

・做出對的及有效的競爭策略出來，才能贏

MEMO

# 領導力修煉 **17**

# 領導力與管理循環七步驟（D-O-S-P-D-C-A）

# 領導力與管理循環七步驟
## （D-O-S-P-D-C-A）

一、何謂「管理循環」（D-O-S-P-D-C-A）七步驟？

    1. D：direction（方向）。
    2. O：objective（目標）。
    3. S：strategy（策略）。
    4. P：planning（計劃）。
    5. D：doing（執行）。
    6. C：check（考核、查核）。
    7. A：action（再行動）。

**圖2-17(1)　管理循環七步驟**

| D（方向） | O（目標） | S（策略） | P（計劃） | D（執行） | C（考核） | A（再行動） |

二、全聯超市示例

**圖2-17(2)　全聯超市**

| | |
|---|---|
| **D（方向）** | 全力加速展店，全台第一大超市 |
| **O（目標）** | 五年後，達 1,500 店（目前 1,200 店） |
| **S（策略）** | 自主展店＋併購別人店 |
| **P（計劃）** | 訂定展店計劃，包括期限、地區、財力資金、人力等計劃 |
| **D（執行）** | 開始執行、去推動 |
| **C（考核）** | 每個月定期考核展店進度如何 |
| **A（再行動）** | 是否再調整策略、再行動、再出發 |

## 三、台積電示例

圖2-17(3) 台積電

| | |
|---|---|
| **D**（方向） | 全球先進晶片市占率保持第一名，成為全球最大 |
| **O**（目標） | 3奈米（2023年生產）2奈米（2025年生產）1.4奈米（2027年生產）1奈米（2030年生產） |
| **S**（策略） | 運用竹科台積電 R&D 中心的 8,000 人研發工程師，加速研發 |
| **P**（計劃） | 訂定計劃，包括：人力、組織、資金、期限、設備、技術 |
| **D**（執行） | 加速執行、推動 |
| **C**（考核） | 每月定期考核達成率狀況 |
| **A**（再行動） | 每月檢討是否有調整事項，以及再行動 |

## 四、統一超商示例

圖2-17(4) 統一超商

| | |
|---|---|
| **D**（方向） | 加速持續展店，擴張營收，持續市占率第一大 |
| **O**（目標） | 五年內，展店目標，從現在 6,900 店擴張到 8,000 店。年營收，從現在 1,800 億，擴張到 2,000 億 |
| **S**（策略） | 持續擴大加盟主踴躍加入 7-11 |
| **P**（計劃） | 訂定計劃，包括：人力、組織、資金、期限、設備、技術 |
| **D**（執行） | 全面（北、中、南部）加速推進 |
| **C**（考核） | 每個月考核、追蹤推動進度 |
| **A**（再行動） | 再調整、再出發 |

## 五、王品餐飲集團示例

**圖2-17(5)**　**王品**

**D**（方向）　持續擴充展店數及餐飲品牌數，保持市占率第一名，最大餐飲集團

**O**（目標）　五年內餐飲品牌數：從目前 25 個，擴張到 30 個品牌。年營收從 200 億擴張到 250 億

**S**（策略）　採自主展店策略＋併購別店策略

**P**（計劃）　訂定具體計劃，時間期限、人力、組織、資力、物力、設備等

**D**（執行）　加速全面執行展開

**C**（考核）　每個月考核進度與達成率

**A**（再行動）　再調整、再出發

## 六、領導力與管理循環之關係

　　企業各部門一級主管要發揮領導力，必須從 D-O-S-P-D-C-A 管理循環七步驟去真正落實，企業就會達到每一次的新目標、新方向，而愈來愈壯大與成長。

**圖2-17(6)**　**領導力與管理循環之關係**

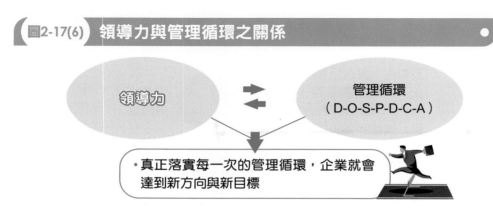

領導力　⇄　管理循環（D-O-S-P-D-C-A）

・真正落實每一次的管理循環，企業就會達到新方向與新目標

# 領導力與企業價值鏈
# （value chain）

# 領導力與企業價值鏈（value chain）

## 一、什麼是「企業價值鏈」？

什麼是「企業價值鏈」？就是企業可以產生出價值的工作環節或部門環節。任何一家企業的運作或營運，大致可區分為兩大活動：一個稱為「主力營運活動」，另一個稱為「後勤支援活動」。

### 圖2-18(1) 企業營運的 2 大類活動

1. 主力營運活動 ➕ 2. 後勤支援活動 ➡ • 最終產生出產品出來，並且能銷售出去

## 二、主力營運活動有哪些部門？

企業經營最重要的，就是它的主力營運活動（primary activities），包括如下各部門的功能活動：

### 圖2-18(2) 主力營運活動（11 大部門）

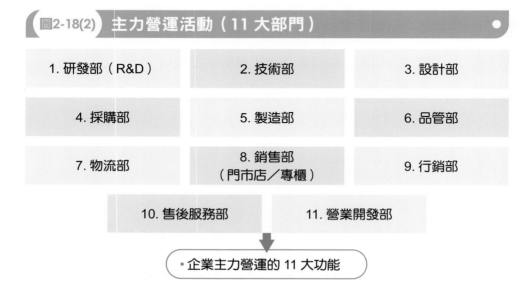

| 1. 研發部（R&D） | 2. 技術部 | 3. 設計部 |
| 4. 採購部 | 5. 製造部 | 6. 品管部 |
| 7. 物流部 | 8. 銷售部（門市店／專櫃） | 9. 行銷部 |
| 10. 售後服務部 | 11. 營業開發部 |

• 企業主力營運的 11 大功能

### 三、後勤支援活動有哪些部門？

此外，企業還有一些必要的後勤（幕僚）支援活動（supportive activities），如下各部門：

圖2-18(3) **後勤支援活動（9 大部門）**

| | | |
|---|---|---|
| 1. 財務部 | 2. 人資部 | 3. 經營企劃部 |
| 4. 資訊部（IT） | 5. 法務部 | 6. 股務室 |
| 7. 稽核室 | 8. 總務部<br>（管理部） | 9. 公關室<br>（發言人室） |

圖2-18(4) **2 大類活動結合一起，為公司創造獲利及價值**

1.
主力營運活動
（部門）

➕

2.
後勤支援活動
（部門）

➡

• 為公司創造利潤
• 為公司創造價值！

### 四、各個價值鏈環節，如何創造出更高的附加價值？

圖2-18(5) **創造價值鏈各環節更高附加價值**

| 1. 技術價值 | • 創造、研發出最先進技術價值 |
| 2. 設計價值 | • 創造最佳的內在／外在設計顏值 |
| 3. 商品開發價值 | • 創造更多、更成功能銷售的新產品出來 |
| 4. 採購價值 | • 創造更好原物料及更好零組件的採購價值 |

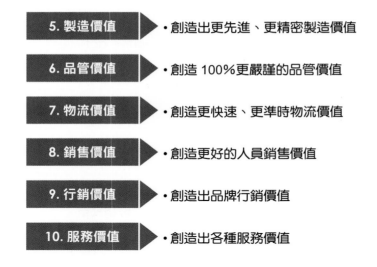

| | |
|---|---|
| **5. 製造價值** | • 創造出更先進、更精密製造價值 |
| **6. 品管價值** | • 創造 100% 更嚴謹的品管價值 |
| **7. 物流價值** | • 創造更快速、更準時物流價值 |
| **8. 銷售價值** | • 創造更好的人員銷售價值 |
| **9. 行銷價值** | • 創造出品牌行銷價值 |
| **10. 服務價值** | • 創造出各種服務價值 |

**五、如何增強及提高各價值鏈的更高附加價值出來？**

　　如何有效創造企業各價值鏈活動中的更高附加價值出來，這主要要做好 2 件大事，如下：

**（一）提升及強化「軟體力」（software capability），包括下列四大項：**

1. 完整且優秀的「人才團隊能力」，亦是一種「組織能力」（organizational capabilities）。
2. 完整且可運作的各種「制度、辦法、規章、SOP 標準化」。
3. 最有效率與最有效能工作「執行力」。
4. 最優良的「企業文化」形塑。

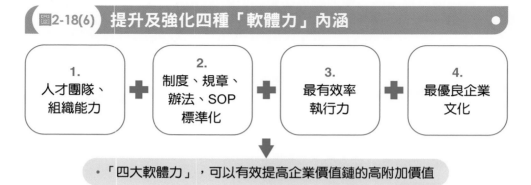

**圖2-18(6)** 提升及強化四種「軟體力」內涵

| 1.<br>人才團隊、<br>組織能力 | ➕ | 2.<br>制度、規章、<br>辦法、SOP<br>標準化 | ➕ | 3.<br>最有效率<br>執行力 | ➕ | 4.<br>最優良企業<br>文化 |
|---|---|---|---|---|---|---|

• 「四大軟體力」，可以有效提高企業價值鏈的高附加價值

（二）強化、增加最新的、最尖端「硬體力」，即設備力，包括下列 5 種：

1. 最先進 AI 化的製造設備。
2. 最先進研發（R&D）設備。
3. 最先進品管設備。
4. 最 AI 化物流設備。
5. 最佳裝潢的門市店設備。

圖2-18(7)　增強五種「硬體力」

| 1.<br>最 AI 化<br>製造設備 | 2.<br>最先進 R&D<br>研發設備 | 3.<br>最先進品管<br>設備 | 4.<br>最 AI 化物流<br>設備 | 5.<br>最佳門市店<br>設備 |
| --- | --- | --- | --- | --- |

圖2-18(8)　「軟體力」＋「硬體力」可提升價值鏈的附加價值

| 1.<br>軟體力（人才） |  | 2.<br>硬體力（設備） |
| --- | --- | --- |

・全方位提升企業價值鏈更多、更高附加價值

# MEMO

領導力修煉 **19**

# 領導力與管理 11 化

一　何謂「管理 11 化」？

二　領導力與「管理 11 化」之關係

# 領導力與管理 11 化

## 一、何謂「管理 11 化」？

企業經營要上軌道，讓一切運作都非常順暢，沒有問題，那就要做好如下的「管理 11 化」：

### （一）制度化：

企業經營不能靠「人治」，而要靠「法治」，每個人都有情緒化、也會生老病死，因此，靠人治是不妥當的，最好的是靠「法治」；法治，就是要建立各種營運的：

　　1. 制度化。
　　2. 規章化。
　　3. 辦法化。

**圖2-19(1)**

制度 ➕ 規章 ➕ 辦法 ➡ ・營運要制度化

**圖2-19(2) 一個大公司會有很多的制度、規章、辦法**

| | | |
|---|---|---|
| 1. 人事制度 | 2. 採購制度 | 3. 品管制度 |
| 4. 新品開發制度 | 5. 財會制度 | 6. 門市制度 |
| 7. 法務制度 | 8. 客服制度 | 9. 轉投資制度 |
| 10. 晉升制度 | 11. 出差制度 | 12. 年終考核制度 |
| 13. 出勤制度 | 14. 獎勵制度 | 15. 退休制度 |
| 16. 物流制度 | 17. 銷售制度 | 18. 提案制度 |

（二）標準化（SOP 化）：

很多連鎖店、零售業、服務業、製造業等，都需要設立「標準化運作」（SOP, Standard Operation Process），才能順利複製、快速成長、並確保工作品質。設立 SOP，包括有：

1. 門市店 SOP。
2. 製造現場 SOP。
3. 新品開發 SOP。
4. 客服 SOP。
5. 銷售 SOP。

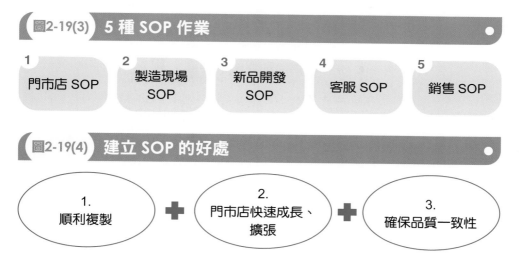

**圖2-19(3)　5 種 SOP 作業**

| **1**<br>門市店 SOP | **2**<br>製造現場 SOP | **3**<br>新品開發 SOP | **4**<br>客服 SOP | **5**<br>銷售 SOP |

**圖2-19(4)　建立 SOP 的好處**

1. 順利複製 ➕ 2. 門市店快速成長、擴張 ➕ 3. 確保品質一致性

（三）資訊化（電腦化）：

企業營運過程中，現在都已經全面資訊化。包括：門市店的 POS 資訊系統、全公司的 ERP 資訊系統、供應鏈的 SCM 資訊系統等，均是很好的資訊系統。企業營運全面資訊化，改掉了過去填表單手寫化的舊時代，提升不少辦公的工作效率性，帶動企業的進步、現代化與即時線上查詢化，資訊人員貢獻很大。

**圖2-19(5)　資訊化的推動**

1.POS 資訊系統 ➕ 2.ERP 資訊系統 ➕ 3.SCM 資訊系統 → ・大大提升日常工作的更效率化

## （四）合理化：

　　企業各方面的運作都要「合理化」，只要是不合理的，都要把它改到「合理化」為止。包括各種的辦法、規章、制度、流程都要朝向合理化的目標。例如：採購制度不合理、人事制度不合理、年終考績制度不合理、門市店規定不合理、人事升遷不合理等，都要加以改革、革新，使之合理化，才會是一家卓越的公司。

圖2-19(6) 合理化的推動

1. 規章　　　2. 辦法　　　3. 制度　　　4. 流程

・改革、革新
・邁向合理化

## （五）自動化：

　　主要偏重在製造設備的自動化、品管設備的自動化、物流中心的自動化，以及餐飲業的自動化。自動化，也是公司在營運過程及管理過往營運的重要一個作為及目標。自動化會帶來幾個好處：

　　1. 減少人力及人力成本。
　　2. 穩定產品品質。
　　3. 加速製造效率提升。

圖2-19(7) 自動化的 **3** 大好處

1.
減少人力、
降低人力成本

2.
穩定產品品質

3.
提升製造效率

　　自 2023 年 AI 時代來臨之後，自動化設備＋ AI 智慧化的最先進製造工廠模式已來臨，會為企業帶來更大好處。

## （六）可視化：

　　不管在門市店作業或是製造工廠或物流中心，除了機密工作外，其他一

切營運盡可能做到可視化，如此，員工的行動，才會公開化、透明化，才不會有懶惰情況發生。例如：現在自助餐廳的廚師，都在現場透明化可看見。

圖2-19(8) 管理可視化

1. 可視化　　2. 透明化　　3. 公開化　➡　・提升員工工作精神

（七）App化：

現在手機上的App，用處很大，可以下訂單、可以結帳、可以累積紅利點數、可以查詢、可以訂位等多樣功能，帶給消費者很大便利性、速度性、不必等待性等好處。例如：王品餐飲的App，已有350萬人下載並成為死忠會員，成為一個很好的行銷工具。

圖2-19(9) App化功能多元

| 訂位 | 下訂單 | 結帳 | 紅利點數 | 查詢 |

（八）AI智能化：

AI（人工智慧化）時代已來臨，未來像：

1. ChatGPT（生成式AI）。
2. AI製造廠。
3. AI物流中心。
4. AI門市店。

都會陸續出現，帶給企業經營更加效率化、智慧化、效能化。

（九）改善化：

日本第一大汽車廠豐田公司，就是強調生產現場改善化、改革化最有力的公司，他們不斷改掉浪費的、不具效能的動作及流程，以力求精簡製造成本。

（十）數位化：

現在很多企業都轉向數位化轉型。例如：麥當勞推出「數位點餐機」、摩斯漢堡推出「App手機點餐」；還有很多豪華汽車的內裝儀表也都數位化；還有

王品餐飲有 350 萬人下載「王品 App」成為會員可訂餐／可結帳／可累積點數。

**（十一）系統化：**

　　企業經營很多面向及結構，都必須以「系統化」的觀點去處理它、去運作它，才不會有破碎感及不合邏輯性，也才會更完整化、齊全化、架構化。

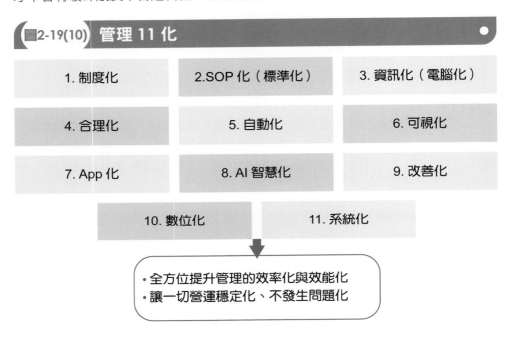

圖2-19(10)　管理 11 化

| 1. 制度化 | 2.SOP 化（標準化） | 3. 資訊化（電腦化） |
| 4. 合理化 | 5. 自動化 | 6. 可視化 |
| 7. App 化 | 8. AI 智慧化 | 9. 改善化 |
| | 10. 數位化 | 11. 系統化 |

- 全方位提升管理的效率化與效能化
- 讓一切營運穩定化、不發生問題化

**二、領導力與管理 11 化之關係**

　　企業各階層領導主管們，必須確實做好「管理 11 化」，才能使企業營運大大提升效率化及效能化，成為企業的重大基礎工程建設。

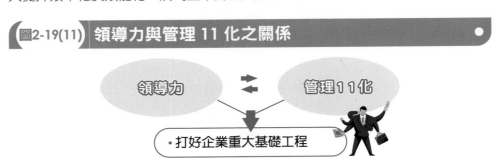

圖2-19(11)　領導力與管理 11 化之關係

領導力　⇄　管理11化

- 打好企業重大基礎工程

# 領導力與激勵

# 領導力與激勵

## 一、對員工激勵的重要性

　　「激勵」，是各階層領導主管發揮影響力的重要因素之一，若員工得不到各種激勵，那時間久，員工工作就會有倦怠感及懈怠感，整個公司的經營績效，就會受到不利、不好的影響。因此，各領導主管必須好好發揮及運用對員工的「激勵」工具及作法。

**圖2-20(1)　激勵的重要性**

對員工適時、適當激勵
・避免員工倦怠及懈怠
・有效鼓勵員工勤奮不懈

## 二、對員工激勵的 4 種方式及作法

　　各領導主管對部屬們的激勵方式及作法，主要有 4 種，如下：

### （一）物質金錢的激勵：

　　月薪、年終獎金、分紅獎金、業績獎金、績效獎金、特別貢獻獎金、三節獎金、提案獎金；以及旅遊補助、生育補助等福利。

　　物質金錢的獎勵是最優先、最重要的激勵方式；畢竟，每個員工都是為了生活、為了賺錢而來上班的，每個員工第一需要的就是月薪＋各種獎金的激勵。

### （二）心理精神面的激勵：

　　例如：長官、老闆在各種會議上對員工表現的肯定、讚美，以及部門的定期聚餐鼓勵，或是各種表揚會議上的獎牌頒發獎勵等。

### （三）晉升的激勵：

　　對員工晉升的激勵，晉升代表薪水的增加及職務名稱的再升一級，這也是對員工很大的激勵方式。舉例來說，晉升路徑：助理→專員→副理→經理→協理→副總→執行副總→總經理等。

### （四）開放員工認股激勵：

　　例如：有一些公司，在 IPO 上市櫃之前，都會開放幹部級或全員級來認股，

以十元最基礎來認股，以後上市櫃後，如漲到 100 元，則漲了 10 倍之多，當初，員工若認股 10 萬元，屆時，就會漲到 100 萬元，員工就賺了，這也是很大激勵。

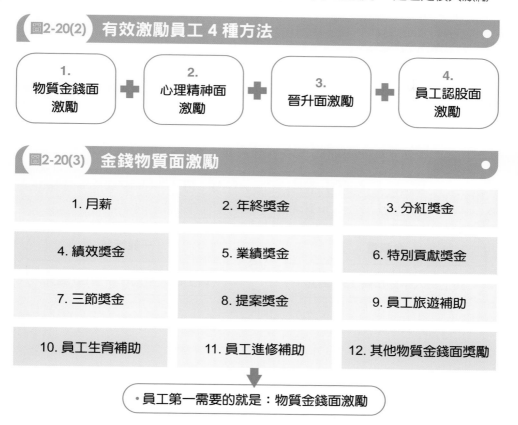

**圖2-20(2) 有效激勵員工 4 種方法**

| 1. 物質金錢面激勵 | + | 2. 心理精神面激勵 | + | 3. 晉升面激勵 | + | 4. 員工認股面激勵 |

**圖2-20(3) 金錢物質面激勵**

| 1. 月薪 | 2. 年終獎金 | 3. 分紅獎金 |
| 4. 績效獎金 | 5. 業績獎金 | 6. 特別貢獻獎金 |
| 7. 三節獎金 | 8. 提案獎金 | 9. 員工旅遊補助 |
| 10. 員工生育補助 | 11. 員工進修補助 | 12. 其他物質金錢面獎勵 |

• 員工第一需要的就是：物質金錢面激勵

## 三、激勵的時間性

對員工激勵必須注意到時效性，有些是定期的、有些則是及時性的，例如：

1. 月薪，每年定期調升。
2. 年終獎金：每年定期發放。
3. 紅利獎金：每年定期發放。
4. 績效獎金：每年定期發放。
5. 業績獎金：每季定期發放。
6. 特別貢獻獎金：不定期及時發放。
7. 三節獎金：每年定期發放。

### 四、激勵的對象性

對員工激勵的對象性，可區分為三種：員工個人的激勵、團隊的激勵、全員的激勵。

### 五、台積電的激勵案例

根據報載，台積電有 7 萬名員工，平均每人年薪（包括：月薪＋分紅獎金＋年終獎金）高達 180 萬元；是一般傳統製造業、零售業、服務業平均每人年薪 60 萬元的 3 倍之多，顯示高科技公司的年薪比一般行業好太多。例如：台積電去年公司獲利 9,000 億元，乘上 2%的分紅獎金，計有 180 億元可分紅給全體員工。比起一般行業公司僅獲利 1 億～ 5 億之間，分紅獎金就差距很大。

圖2-20(4)　台積電平均員工年薪：180 萬元　是傳統行業的 3 倍之多

### 六、領導力與激勵之關係

企業各級領導主管必須重視對各自部門下屬及全體員工的各種面向的定期與及時的激勵、獎勵、鼓勵，才能使員工有賞罰分明之感，以及能夠保持勤奮努力工作的動機與動力，如此，才會帶來全員對公司有更大的貢獻。

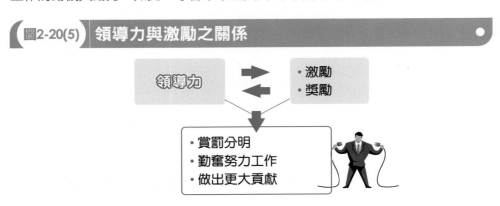

圖2-20(5)　領導力與激勵之關係

# 領導力修煉 **21**

# 領導力與 CSR、ESG 永續經營

# 領導力與 CSR、ESG 永續經營

## 一、何謂 CSR？

所謂 CSR（Corporate Social Responsibility），即指企業應該多善盡一些「企業社會責任」，包括：

1. 贊助弱勢族群。
2. 贊助癌症病童及孤獨老人。
3. 贊助藝文活動。
4. 贊助公益、慈善活動。
5. 做好環境保護工作。

## 二、何謂 ESG？

即指企業應做好三個領域的工作，包括：

1. E：Environment（環境保護、永續地球、節能減碳、減塑）。
2. S：Social（社會責任、社會回饋、社會關懷）。
3. G：Governance（公司治理、公司透明、公正、正派經營）。

圖2-21(1) ESG 永續經營時代來臨

| E<br>・環境保護<br>・節能減碳 | S<br>・社會責任<br>・社會回饋 | G<br>・公司治理<br>・正派經營 |
| --- | --- | --- |

邁向永續地球及永續經營

## 三、統一超商 ESG 組織（案例）

茲將統一超商的 ESG 專責組織圖示如下：

## 圖2-21(2) 組織圖

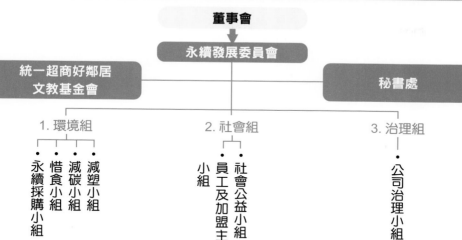

```
                      董事會
                        |
                  永續發展委員會
        ┌───────────────┼───────────────┐
統一超商好鄰居                          秘書處
文教基金會
        └──────┬──────────────┬──────────────┘
        1.環境組            2.社會組          3.治理組
    ┌───┬───┬───┐      ┌────┬────┐           │
    · · · ·        · ·                ·
    永 惜 減 減    社 員             公
    續 食 碳 塑    會 工             司
    採 小 小 小    公 及             治
    購 組 組 組    益 加             理
    小            小 盟             小
    組            組 主             組
                     小
                     組
```

## 四、「永續報告書」大綱（統一超商）

茲列示統一超商「年度永續報告書」的6個大綱如下：

## 圖2-21(3) 統一超商：永續報告書大綱

第1章：實踐永續管理　　第4章：成就永續地球
第2章：共創永續治理　　第5章：增進員工福祉
第3章：承諾產銷永續　　第6章：深耕社會公益

## 五、「永續報告書」大綱（台積電公司）

茲列示台積電的「年度永續報告書」大綱項目，如下：

## 圖2-21(4) 台積電：永續報告書大綱

**（一）導言：**
1. ESG 委員會主席的話
2. 公司簡介
3. 創新的價值
4. 永續績效
5. 肯定與榮耀

**（二）實踐永續管理**
1. ESG 執行架構
2. ESG 管理平台
3. 永續影響力
4. 實踐聯合國永續發展目標

**（三）追求創新的先行者**
1. 創新管理
2. 產品品質與安全
3. 客戶關係管理

**（四）負責任的採購者：**
1. 永續供應鏈管理

**（五）綠色力量執行者**
1. 氣候與能源
2. 水管理
3. 資源循環
4. 空污防制

**（六）員工引以為傲的公司**
1. 多元與共融
2. 人才吸引與留住
3. 人才發展
4. 人權
5. 職業安全與衛生

**（七）改變社會的力量**
1. 社會影響力
2. 台積電文教基金會
3. 台積電慈善基金會

**（八）營運與治理**
1. 公司治理
2. 財務績效
3. 稅務
4. 資訊安全

**（九）附錄**

## 六、領導力與 ESG 永續經營之關係

　　近年來，全球上市櫃大公司都被要求要做好「ESG 永續經營」的具體實踐，才能被全球各大型投資基金、投資機構所認可及投資該公司股東，也才不會被歐盟及相關各國課「碳費」（碳稅）；因此，高階領導團隊必須負起 ESG 永續經營三大面向的工作落實才行。

**圖2-21(5)　領導力與 ESG 永續經營之關係**

領導力　⇄　ESG永續經營

- 地球永續
- 經營永續

# 領導力修煉 **22**

# 領導力與產業洞察

# 領導力與產業洞察

## 一、隔行如隔山,各產業有其特性

企業經營,必然要了解他們各自在不同產業的不同特性及發展情況,但,個別公司會受到這種產業結構的變化而有好的與壞的影響,因此,必須熟悉及關注各自產業的發展情況。目前,國內各產業包括很多,如下圖示:

### 圖2-22(1) 各產業有各自的特色

| | | |
|---|---|---|
| 1. 超市業 | 2. 超商業 | 3. 百貨公司業 |
| 4. 汽車業 | 5. 機車業 | 6. 電腦業 |
| 7. 有線電視業 | 8. 速食業 | 9. 餐飲業 |
| 10. 物流宅配業 | 11. 旅行社業 | 12. 五星級大飯店業 |
| 13. 有線電視業 | 14. 速食業 | 15. 餐飲業 |
| 16. 電影業 | 17. 量販店業 | 18. 消費品業 |
| 19. 食品／飲料業 | 20. 美妝、藥妝連鎖業 | 21. 藥局連鎖業 |
| 22. 農產品業 | 23. 房仲業 | 24. 建築業 |

## 二、產業鏈:上、中、下游三層結構

任何產業,基本而言,大概有上、中、下游的三層結構。

1. 上游:即指原物料、零組件生產或來源的廠商所形成。
2. 中游:即指各種產品的製造工廠或進口代理商。
3. 下游:即指下游的零售通路業者,包括:超市、超商、量販店、百貨公司、購物中心、連鎖店等業者。

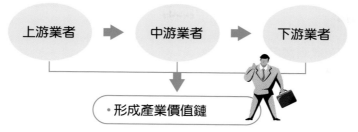

**圖2-22(2) 產業鏈三層結構**

上游業者 ➡ 中游業者 ➡ 下游業者

・形成產業價值鏈

## 三、產業五力架構分析

美國策略大師波特教授早在 1980 年代,就提出一個有名的理論架構,即是:影響一個產業或一個公司最終獲利狀況好不好的 5 個影響力因素,如下圖示:

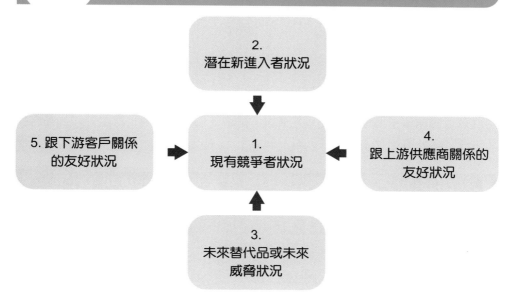

**圖2-22(3) 產業五力架構分析**

2. 潛在新進入者狀況

5. 跟下游客戶關係的友好狀況 ➡ 1. 現有競爭者狀況 ⬅ 4. 跟上游供應商關係的友好狀況

3. 未來替代品或未來威脅狀況

上圖即顯示出,如果:

1. 現有競爭者狀況,不算太激烈。
2. 潛在新進入者也不太有很大競爭對手進來分食市場。

3. 未來也看不出有替代品會取代現有產品。

4. 公司跟上游供應商及下游客戶關係，均甚友好。

則此些狀況下，公司的獲利及此產業的獲利狀況，應該都還可以，不至於利潤很低或沒錢賺。

### 四、示例：日常消費品製造廠

茲以日常消費品製造廠為例，看它的產業價值鏈，如下圖示：

**圖2-22(4)** 日常消費品製造廠的產業價值鏈

| 上游 | 中游 | 下游 |
|---|---|---|
| 原物料供應廠商 | 消費品製造商 | 零售通路商 |
| 關心點：<br>1. 原物料是否上漲？<br>2. 原物料是否供應量足夠<br>3. 原物料品質是否良好？ | 關心點：<br>1. 同業競爭對手是否太多？彼此競爭太激烈？ | 關心點：<br>1. 產品是否可上架到各大通路去？<br>2. 產品上架的位置是否良好？及空間是否夠大？ |

### 五、示例：國外代工製造廠

茲以國內電子五哥（廣達、英業達、緯創、仁寶、和碩）為國外知名品牌代工生產／組裝電腦及手機為例，如下圖示：

**圖2-22(4)** 日常消費品製造廠的產業價值鏈

| 上游 | 中游 | 下游 |
|---|---|---|
| 零組件供應商 | 代工製造廠（台商） | 美國電腦、手機知名大品牌 |
| 關心點：<br>1. 零組件價格是否上漲？<br>2. 零組件供應量是否足夠？<br>3. 零組件品質是否良好 | 關心點：<br>1. 美國大客戶訂單是否穩定足夠？<br>2. 美國大客戶代工是否能賺錢？ | 關心點：<br>1. 美國及全球的電腦及手機市場需求是否景氣？ |

## 六、示例：有線電視產業結構

茲以國內有線電視產業結構圖示如下：

### 圖2-22(4)　日常消費品製造廠的產業價值鏈

| 上游 | 中游 | 下游 |
|---|---|---|
| 有線電視頻道供應商 | • MSO<br>• 有線電視整合經營者 | 第4台（系統台）<br>（全台63家） |
| 1. 三立　8. 非凡<br>2. 東森　9. 壹電視<br>3.TVBS　10. 鏡電視<br>4. 民視　11. 台視<br>5. 緯來　12. 中視<br>6. 年代　13. 華視<br>7. 八大 | 1. 中嘉<br>2. 凱擘<br>3. 台灣寬頻<br>4. 台固<br>5. 台數科<br>6. 大豐 | 家庭收視戶 |

## 七、領導力與產業洞察及經營

做為企業中高階領導團隊，必須緊密做好產業洞察及產業經營，才能隨時因應本產業內的任何變化與趨勢，以保證本公司走在對的、正確的產業發展脈動上。

領導力 ⇄ 產業洞察與產業經營

# MEMO

# 領導力修煉 23

# 領導力與全球化布局

# 領導力與全球化布局

## 一、全球化 4 種營運型態

企業發展全球化,大約可區分為 4 種型,包括有:

1. 僅設立:生產據點。
2. 僅設立:銷售據點。
3. 僅設立:研發據點。
4. 生產+銷售+研發三者兼具。

上述第一種類型,很多台商代工赴海外設廠,均屬生產據點而已。而大型的跨國企業,則經常採取第四種,此即全方位的跨國發展,兼具生產、銷售及研發。

**圖2-23(1) 全球化 4 種營運型態**

| 1. 生產據點 | 2. 銷售據點 | 3. 研發據點 | 4. 生產+銷售+研發據點 |
|---|---|---|---|

## 二、「生產全球化」的原因

很多台商都屬於「生產全球化」,其原因如下圖示 3 點:

**圖2-23(2) 台商「生產全球化」原因**

| 1. 降低製造成本 | 2. 靠近客戶與市場 | 3. 分散風險 |
|---|---|---|

→ **生產與供應鏈全球化**

### (一)降低製造成本:

台商很多在中國、東南亞的越南/泰國/馬來西亞、印度等地生產製造,因

當地的建廠成本及用人成本均較低。

## （二）靠近客戶與市場：

不少台商跑到墨西哥設廠，就是因為靠近美國（客戶）市場，運輸成本低，且有美墨關稅的優惠。

## （三）分散風險：

最近幾年，因為地緣政治風險，所以很多台商及外商均離開中國，而轉移到東南亞國家及印度去。

## 三、「行銷全球化」的原因

有些美國、歐洲、日本大企業，不一定在海外各國都有生產據點，但絕對有設立行銷據點的。主因有二個：

## （一）本國市場太小或不夠大：必須走向全球市場去開拓。

## （二）本國市場雖大，但市場已飽和：故必須轉向全球市場去開拓，以求更大營收的成長。

**圖2-23(3)** 「行銷」全球化原因

| 1. 本國市場太小 | 2. 追求更大營收成長 |

## 四、全球化的資本合作模式

就資本模式來看，全球化可區分為二種：

## （一）獨資模式：

美國、日本、歐洲均喜歡採取獨資模式，即海外投資的錢，都是 100%自己出的。

## （二）合資模式：

合資模式，又可區分為：

1. 多數股權合資（股權比率 > 51%）
2. 少數股權投資（股權比率 < 49%）
3. 均等股權投資（股權比率均為 50%對 50%）

**圖2-23(4)** 全球化資本模式

獨資
（100%自己
股權）

**vs.**

合資
• 多數股權
• 少數股權
• 均等股權

➡ 進軍海外市場

## 五、行銷全球化模式

　　大企業在開展全球化市場時，在行銷方面可做的有 3 種模式：自設海外當地銷售子公司、與當地公司合資設立合資銷售公司、在當地尋找總代理商。

**圖2-23(5)** 行銷全球化 3 模式

1. 自設海外當地
　銷售子公司

2. 與當地公司合資
　設立合資銷售公司

3. 在當地尋找
　總代理商

## 六、台積電全球化布局

　　國內護國神山及全球第一大先進晶片製造大廠台積電的國內外生產據點：

**圖2-23(6)** 台積電全球化布局

**國外據點**

1. 中國（南京）
2. 日本（熊本）
3. 美國（亞利桑那州）
4. 德國（德勒斯登）

**國內據點**

1. 竹科
2. 中科
3. 南科
4. 高雄

## 七、做好全球化布局的 5 大準備事項

企業開展全球化布局，必須先準備好 5 件大事，如下圖示：

**圖2-23(7)** **全球化布局 5 大準備事項**

| 1. 派赴海外人才準備好 | 2. 資金、財務準備好 | 3. 海外設廠小組準備好 |
| --- | --- | --- |

| 4. 海外各據點營運制度建立之準備 | 5. 人才在地化制度之準備 |
| --- | --- |

## 八、日本、美國、歐洲全球化營運的大公司

茲列示日本、美國、歐洲全球化營運大公司，如下：

**圖2-23(8)** **日本、美國、歐洲全球化營運大公司**

| 1. 日本公司 | 2. 美國公司 | 3. 歐洲公司 |
| --- | --- | --- |
| (1) TOYOTA 汽車 | (1) P&G | (1) Benz 汽車 |
| (2) NISSAN 汽車 | (2) 花旗銀行 | (2) BMW 汽車 |
| (3) Honda 汽車 | (3) Walmart | (3) LV |
| (4) 五大商社（三菱、三井、伊藤忠、丸紅、住友） | (4) 好市多（Costco） | (4) Gucci |
| | (5) Apple | (5) HERMÈS |
| (5) SONY | (6) Intel | (6) DIOR |
| (6) Panasonic | (7) Google | (7) ROLEX |
| (7) 日立 | (8) Meta | (8) Cartier |
| (8) 大金 | (9) Microsoft | (9) Unilever |
| (9) Canon | | (10)雀巢（Nestlé） |
| (10)Nikon | | |
| (11)電通廣告 | | |

## 九、領導力與全球化布局之關係

　　企業高階領導團隊必須做好面對必要全球化布局的各項思維、準備與落實執行的各種事項，包括人力、財力、物力、制度、管理、指揮領導，以及在地化等各項重要資源推動，才能成為真正的跨國大公司。

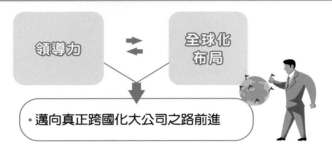

圖2-23(9)　領導力與全球化布局之關係

# 領導力修煉 24

# 領導力與競爭對手動態掌握

# 領導力與競爭對手動態掌握

## 一、掌握競爭對手動態的重要性

企業高階領導團隊必須時時刻刻注意以下四大點：

1. 外部大環境的變化
2. 外部競爭對手的變化
3. 外部消費者或客戶的變化
4. 外部產業結構上、中、下游的變化

這四大變化的結果，都會帶給公司很大的影響，包括不利影響與有利影響。

**圖2-24(1) 外部四大變化對企業影響很大**

| 1. 外部大環境變化 | 2. 外部競爭對手變化 | 3. 外部消費者或客戶變化 | 4. 外部產業結構上、中、下游變化 |
|---|---|---|---|

都對企業經營帶來很大影響

尤其是競爭對手變化的影響要特別注意，因為他們的一舉一動都會大大影響企業的每天銷售結果的好壞，故要特別留意。所謂「知己知彼，百戰百勝」，就是此意。

## 二、各行各業競爭對手的案例

茲列示如下各行各業第一名業者及其主力競爭對手，如下：

**圖2-24(2) 各行各業第一名及其競爭對手**

| 1 | 2 | 3 |
|---|---|---|
| 第1名：統一超商<br>競爭對手：全家 | 第1名：家樂福<br>競爭對手：大潤發、愛買、好市多（Costco） | 第1名：台積電<br>競爭對手：三星、英特爾 |

| 4 |
|---|
| 第1名：大立光<br>競爭對手：玉晶光 |

| 5 |
|---|
| 第1名：三陽機車<br>競爭對手：光陽機車 |

| 6 |
|---|
| 第1名：新光三越<br>競爭對手：SOGO、遠東百貨 |

| 7 |
|---|
| 第一名：王品<br>競爭對手：瓦城、饗間、饗賓、漢來、王座 |

| 8 |
|---|
| 第一名：和泰汽車<br>競爭對手：裕隆、中華、三陽現代、福特 |

| 9 |
|---|
| 第一名：蘭蔻<br>競爭對手：SK-II、雅詩蘭黛、資生堂 |

| 10 |
|---|
| 第一名：統一企業<br>競爭對手：味全、愛之味、御茶園、光泉 |

| 11 |
|---|
| 第一名：Panasonic<br>競爭對手：日立、LG、大金、聲寶、禾聯、東元 |

| 12 |
|---|
| 第一名：桂格燕麥<br>競爭對手：馬玉山 |

| 13 |
|---|
| 第一名：寶雅<br>競爭對手：屈臣氏、康是美 |

| 14 |
|---|
| 第一名：麥當勞<br>競爭對手：摩斯、漢堡王、肯德基 |

| 15 |
|---|
| 第1名：好來牙膏<br>競爭對手：高露潔、牙周適、舒酸定 |

## 三、了解、掌握競爭對手什麼東西？

那麼，企業必須了解及掌握競爭對手什麼東西呢？如下圖示：

**圖2-24(3) 掌握競爭對手動態（17項）**

| 1 | 2 | 3 | 4 | 5 | 6 | 7 | 8 | 9 | 10 | 11 | 12 | 13 | 14 | 15 | 16 | 17 |
|---|---|---|---|---|---|---|---|---|---|---|---|---|---|---|---|---|
| 製造地點及製造成本變化 | 定價變化 | 促銷變化 | 推新產品、新品牌變化 | 每月銷售量、銷售額變化 | 賣場陳列變化 | 通路變化 | 代言人變化 | 電視廣告聲量變化 | 展店數量變化 | 門市店型變化 | 產品功效、功能變化 | 產品設計變化 | 整體市場競爭變化 | 技術升級變化 | 每月損益表變化（上市櫃公司） | 企業社會責任變化 |

## 四、如何搜集競爭對手動態？

企業面對競爭對手的高度競爭，要如何做法，才能掌握好競爭對手的變化呢？主要有作法如下：

1. 平時就應建立好與競爭對手公司業務人員的人脈關係，隨時可以查詢到對手的重大舉措與改變。
2. 平時就應跟大型通路商的進貨採購人員建立良好人脈關係，以便隨時可以洽詢競爭對手的銷售狀況如何，以及有何變化。
3. 平時就應多觀察競爭對手在媒體上發布的訊息及動向。
4. 平時就應多觀察競爭對手在電視廣告上的投放量。

**圖2-24(4)** 如何搜集競爭對手的訊息與變化

| | |
|---|---|
| 1. 本公司業務人員應與對手公司業務人員建立人脈交情 | 2. 本公司業務人員應與大型零售公司採購人員建立人脈交情 |
| 3. 本公司行銷人員平時就應多搜集對手在媒體上發布的資訊 | 4. 本公司行銷人員平時就應搜集對手的廣告聲量 |

知己知彼，才能百戰百勝

## 五、領導力與競爭對手動態掌握

企業領導階層平時就應多搜集、分析、了解及掌握競爭對手的發展動態及行銷作法，才能做好如何應應措施與策略，也才能保持領先競爭對手的優勢。

**圖2-24(5)**

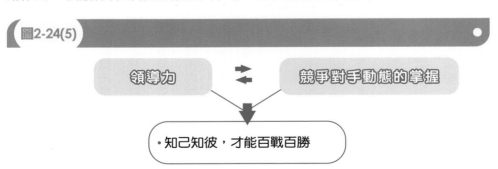

領導力 ⇄ 競爭對手動態的掌握

・知己知彼，才能百戰百勝

# 領導力修煉 25

# 領導力與年終績效考核

# 領導力與年終績效考核

## 一、領導力與年終績效考核之關係

　　每個企業，到年底都會有一個年度的「年終績效考核」，此種考核權力，對各階層領導主管而言，恰是一種很好的指揮與領導的權力工具，大家應該好好運用及發揮。「年終績效考核」有幾個好的功能：

　　1. 它是對全體員工在這一年來的工作努力及貢獻，做出公平考核及評價。

　　2. 此種考核及評價結果，將與年底「年終獎金」及「分紅獎金」連結在一起。

　　3. 此種考核及評價，其實也是能夠指揮部屬及領導部門的很好工具及手段。

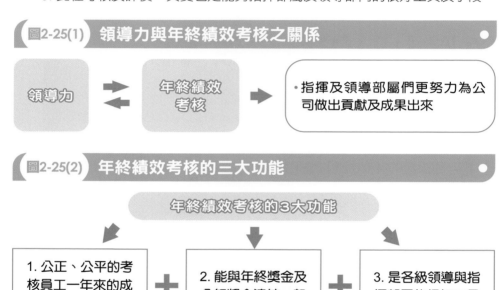

圖2-25(1) 領導力與年終績效考核之關係

領導力 ⟷ 年終績效考核 → ・指揮及領導部屬們更努力為公司做出貢獻及成果出來

圖2-25(2) 年終績效考核的三大功能

年終績效考核的3大功能

1. 公正、公平的考核員工一年來的成果與貢獻 ＋ 2. 能與年終獎金及分紅獎金連結一起 ＋ 3. 是各級領導與指揮部屬的很好工具

## 二、考核時間點

　　每個公司對績效考核的時間規定不太相同，但大致有 3 種：

圖2-25(3) 3 種考核時間點

1. 季考核（每季） 或 2. 半年考核 或 3. 年考核

上圖中，每季考核是最嚴格的公司，大致僅有 10% 比例才有。而每半年考核則是適中的作法，大概占有 20% 的公司比例；最後大多數公司（約 70% 比例）則是採取每年一次的年終考核。

### 三、考核表的 4 個種類

在企業實務上，每個性質不同人員的年終考核表也不太相同，主要可區分為 4 大類表格評分，如下圖示：

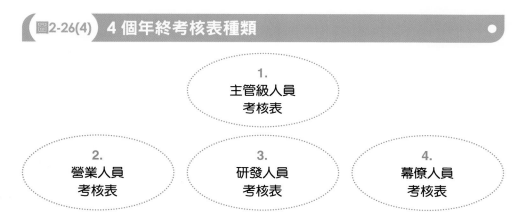

**圖2-26(4)** 4 個年終考核表種類

1. 主管級人員考核表
2. 營業人員考核表
3. 研發人員考核表
4. 幕僚人員考核表

因為企業每個部門及不同性質人員的績效考核重點項目均不同，故會有如上圖的 4 種年終考核表單的評分。

### 四、年終考核的等級區分

一般來說，每家公司對員工及主管的年終績效考核評分，仍以等級制度為最常見，如下：

**圖2-26(5)** 年終考核的 5 種等級區分

1. 特優等 90 分～ 100 分（限 10%）
2. 優等 85 分～ 89 分
3. 甲等 80 分～ 84 分
4. 乙等 75 分～ 79 分
5. 丙等 70 分～ 74 分

## 五、年終考核與年終獎金的互動

**圖2-26(6)　年終考核與年終獎金互動**

| 1. 特優等 | 3～4 個月年終獎金 | 4. 乙等 | 0.5 個月年終獎金 |
| 2. 優等 | 2～3 個月年終獎金 | 5. 丙等 | 無年終獎金 |
| 3. 甲等 | 1～2 個月年終獎金 | | |

## 六、年終考核主管的 2 級制核可

一般實務上，對員工的打考績，大概為向上 2 級制主管核可，如下圖示：

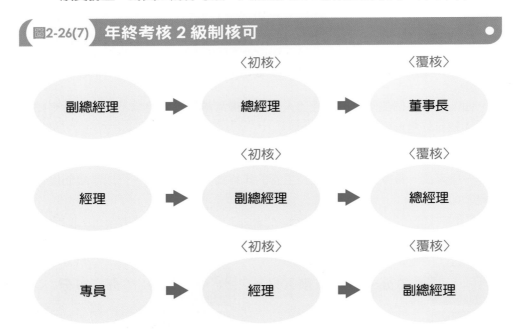

**圖2-26(7)　年終考核 2 級制核可**

| | 〈初核〉 | 〈覆核〉 |
| 副總經理 ➡ | 總經理 ➡ | 董事長 |
| 經理 ➡ | 副總經理 ➡ | 總經理 |
| 專員 ➡ | 經理 ➡ | 副總經理 |

# 領導人與外部人脈關係（人脈存摺）

**一**　領導人與外部人脈關係的重要性

**二**　建立外部人脈存摺的各種專業人士

# 領導人與外部人脈關係（人脈存摺）

## 一、領導人與外部人脈關係的重要性

1. 企業高階領導團隊必須經常下重大決策：這些決策都對公司帶來深遠影響，因此，他們都必須隨時強化自身的高階決策能力、知識及經驗。

2. 在高階決策過程中：高階領導人也必然會面對自身不太熟悉的知識領域及專長領域，此時，就必須請教外面的各種專家、專業人士，這些我們統稱為「外部的人脈關係及人脈存摺」。

3. 透過徵詢外部專業及專家的協助：這可以使我們避免做出錯誤決策，以免毀了公司。因此，擁有外部人脈存摺是非常重要的資產價值。

**圖2-26(1)　擁有外部人脈存摺，以利做出正確決策**

| 豐富外部人脈存摺 |  | ・幫助高階領導人做出正確決策，讓公司順利成長及擴張 |
| --- | --- | --- |

## 二、建立外部人脈存摺的各種專業人士

茲圖示如下建立外部人脈專摺的各種專業人士：

**圖2-26(2)　建立外部人脈存摺的各種專業人士**

| 1. 會計師事務所 | 2. 法律事務所 | 3. 工程技師事務所 |
| --- | --- | --- |
| 4. 建築師事務所 | 5. 上游供應商 | 6. 下游通路商 |
| 7. 政府機構 | 8. 民意代表（立委／議員） | 9. 競爭對手公司 |
| 10. 各大學專長教授 | 11. 房地產專家 | 12. AI 專家 |

13. 外國行銷公司：（廣告公司、公關公司、媒體代理商、市調公司、數位廣告公司、KOL 網紅經紀公司、設計公司）

# 領導力與併購

# 領導力與併購

## 一、何謂併購（M&A）？

併購的英文是 Merge & Acquisition（M&A），也就是「合併」＋「收購」的意思。「併購策略」現在各行各業運用的非常多，不只傳統產業，連高科技業也常見到併購發生，顯見「併購策略」是一個好策略。

**圖2-27(1)　併購策略是好策略**

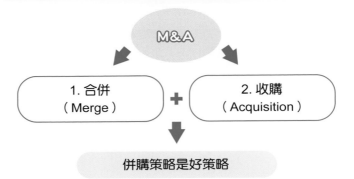

## 二、併購策略的成功案例

茲列舉近年來運用併購策略而成長、成功的案例，如下：

**圖2-27(2)　併購策略成功案例**

| | | | |
|---|---|---|---|
| 1. | 全聯超市併購大潤發量販店 | 5. | 遠傳電信收購亞太電信 |
| 2. | 富邦金控與台北市銀行合併 | 6. | 鴻海併購很多國內高科技中小型公司 |
| 3. | 國泰銀行與世華銀行合併 | 7. | 此外，佳世達、環球晶等科技公司，也是靠併購而成長 |
| 4. | 台灣大哥大收購台灣之星電信 | 8. | 統一企業收購家樂福大賣場 |

### 三、併購的 6 大優點

企業採取「併購策略」，可以具體得到下列好處及優點：

**圖2-27(3)　併購（M&A）的優點**

| | | |
|---|---|---|
| 1.<br>可以使企業更快速<br>成長，靠自己太慢 | 2.<br>可獲得對方公司的<br>人才團隊 | 3.<br>可擴大經濟規模效益 |
| 4.<br>可有效降低營運成本 | 5.<br>可增強企業的競爭力 | 6.<br>可使公司進入自己<br>不熟悉領域 |

促使集團及公司更快速、更大規模化的成長經營

### 四、併購策略應準備 4 項工作

企業在施展併購成長策略時，事前必須規劃及準備好以下 4 件工作：

**圖2-27(4)　執行併購策略應準備 4 大工作**

| 1.<br>併購資金先<br>準備好 | 2.<br>鎖定目標對象<br>公司有哪些 | 3.<br>公司內部先組<br>成「併購小組」<br>負責執行 | 4.<br>先做好併購前<br>的整體公司未來<br>發展戰略規劃 |
|---|---|---|---|

### 五、「靠自己」＋「靠併購」的雙成長並進模式

企業在成長戰略規劃上，經常採取「雙成長戰略規劃」，亦即：「靠自己＋靠併購」的雙成長並進模式，這是最穩妥的模式。

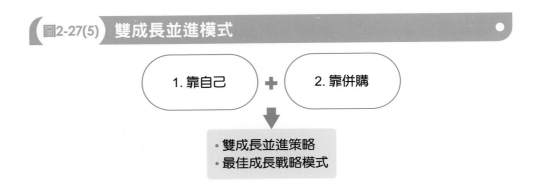

**圖2-27(5)　雙成長並進模式**

1. 靠自己　＋　2. 靠併購

・雙成長並進策略
・最佳成長戰略模式

## 六、併購後的人才管理模式

大部分的併購後管理模式，都是相當尊重既有公司的人事結構及技術研發專業，以力求穩定發展；除了派出最高階董事長及財務長兩人之外，其他高階主管可能都會留住。

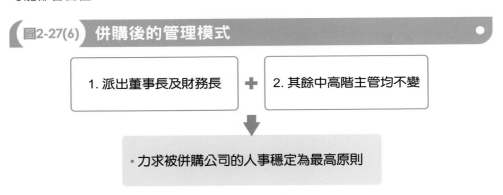

**圖2-27(6)　併購後的管理模式**

1. 派出董事長及財務長　＋　2. 其餘中高階主管均不變

・力求被併購公司的人事穩定為最高原則

## 七、組成「併購小組」專責組織

有些企業大都會組成「併購小組」，專責各種併購案的具體推動，如下圖示：

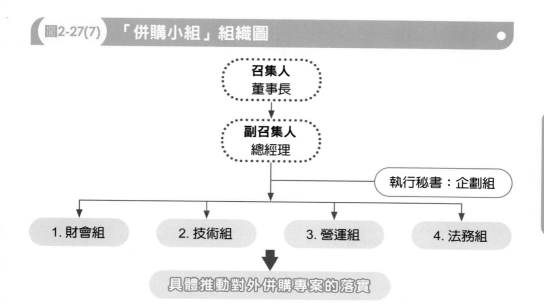

圖2-27(7) 「併購小組」組織圖

## 八、領導力與併購之關係

「併購案」的推動，是屬於企業高階領導團隊應負責的重大事項，必須好好做好分析、規劃、準備、執行、落實各個重大併購專案之推進，才能讓公司保持不斷成長及進步，並全面提升產業競爭力與競爭優勢。

圖2-27(8) 領導力與併購之關係

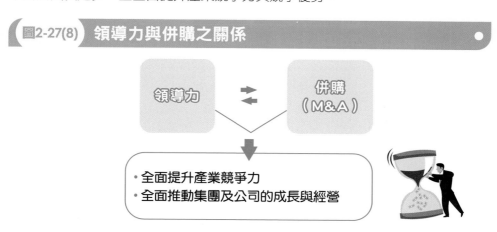

# MEMO

# 領導力修煉 **28**

# 領導力與 BU（利潤中心）制度

# 領導力與 BU（利潤中心）制度

## 一、何謂 BU 制度？

所謂 BU（Business Unit），即是指「利潤中心」制度或「營運單位」制度；就是將公司組織劃分為好幾個的各自獨立利潤中心，然後計算每個利潤中心每個月及每年的各自損益表，然後給予不同的獎勵。多賺錢的 BU，就給 BU 內的員工多一些獎金，少賺錢的 BU，就少一些獎金，不賺錢的 BU，就不發獎金，甚至裁撤掉。所以，BU 制度也可以視為「兄弟登山，各自努力」的意思。

**圖2-28(1) 何謂「BU 制度」？**

| BU制度（Business Unit）（利潤中心制度）|  | ・兄弟登山，各自努力<br>・依各自不同的績效，而核發不同的獎金 |
| --- | --- | --- |

## 二、BU 單位如何劃分？

那麼，企業 BU 單位的如何劃分，可依企業營運規模大小及組織型態，依如下圖示有 8 種區分：

**圖2-28(2) BU 單位的劃分**

| 1. 各事業群 BU | 2. 各事業部 BU | 3. 各產品群 BU |
| --- | --- | --- |
| 4. 各品牌別 BU | 5. 各館別 BU | 6. 各分公司 BU |
| | 7. 各大店別 BU | 8. 各海外子公司 BU |

## 三、BU 制度之優點

企業採行 BU 制度，可有如下圖示之優點：

**圖2-28(3)** BU 制度 6 項優點

| 1. | 可使公司內部組織良性競爭 |
|---|---|
| 2. | 可激勵員工，多賺錢多領獎金 |
| 3. | 可培養年青幹部擔任 BU 經理 |

| 4. | 可提升全公司營收及獲利 |
|---|---|
| 5. | 可改善虧損單位，轉虧為盈 |
| 6. | 可提升企業整體競爭力 |

## 四、落實 BU 制度之注意事項

企業在落實執行 BU 制度時，應注意以下 4 點：

**圖2-28(4)** 落實 BU 制度之注意事項

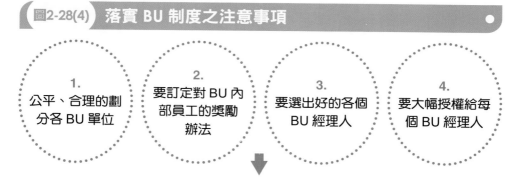

1.
公平、合理的劃分各 BU 單位

2.
要訂定對 BU 內部員工的獎勵辦法

3.
要選出好的各個 BU 經理人

4.
要大幅授權給每個 BU 經理人

讓BU有效落實下去，並發揮較佳效果

## 五、BU 制度之損益表

採行 BU 制度之每月損益表呈現方式，如下表格：

|  | BU1 | BU2 | BU3 | BU4 |
|---|---|---|---|---|
| 營業收入 |  |  |  |  |
| －營業成本 |  |  |  |  |
| 營業毛利 |  |  |  |  |
| 營業費用 |  |  |  |  |
| 營業淨利 |  |  |  |  |

　　上面表格中的營業費用，是採分攤百分比的，這些費用是指幕僚共用單位所發生的費用，不是 BU 單位自己發生的；故採用分攤方式。

## 六、領導力與 BU 制度之關係

　　企業高階領導階層盡可能採行 BU（利潤中心）制度，讓各個 BU 公平、公正、公開、合理、適度、授權的去自己經營，如此，才會帶動整個組織的活力、戰鬥意志與激勵性，才不會吃「大鍋飯」，人人毫無戰鬥力。

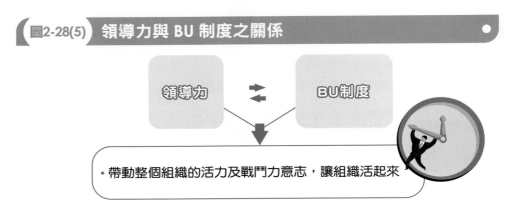

**圖2-28(5)　領導力與 BU 制度之關係**

領導力　⇄　BU制度

· 帶動整個組織的活力及戰鬥力意志，讓組織活起來

# 領導力與企業文化

# 領導力與企業文化

## 一、何謂「企業文化」？

「企業文化」（corporate culture），也被稱為「組織文化」或「企業核心價值觀」；它是在企業中所形塑出來的一種特定氛圍、特色、文化、儀式、風格、做事指引等之綜合體。

## 二、企業文化的案例

### （一）鴻海集團：

早期在郭台銘擔任董事長時期，郭董就是以「很會罵人」及講究「快速度執行力」為該公司的企業文化，因此每個鴻海員工都是戰戰兢兢的在做事，事實上，成效也不錯。

### （二）台積電：

台積電在前董事長張忠謀時代，他以「誠信」（integrity）及「創新」（innovation）四個字為該公司的核心價值觀，也算是企業文化的重要一環。

### （三）統一企業集團：

統一企業集團董事長羅智先則以「穩健成長」、「勤奮做事」、「注重食安」等三件事，做為他對全體員工的要求，也是企業文化的一環。

## 三、好的、優良企業文化有哪些指標？

總的來說，各家企業及各位高階領導人，可能都會有他們各自不同的領導風格、企業文化，以及核心價值觀，但整體要形塑一個好的企業文化，應該做到如下圖所述的要求指標：

**圖2-29(1) 好的企業文化有那些指標？**

| | | | |
|---|---|---|---|
| 1. 誠信的 | 2. 創新的 | 3. 追求卓越的 | 4. 求進步的 |
| 5. 不斷學習的 | 6. 正派的 | 7. 用心、認真的 | 8. 正直的 |
| 9. 團隊合作的 | 10. 能抗壓的 | 11. 值得信賴的 | 12. 有願景的 |

| 13. 守法的 | 14. 高瞻遠矚的 | 15. 有遠見的 | 16. 布局未來的 |
|---|---|---|---|
| 17. 有競爭力的 | 18. 有危機感的 | 19. 能居安思危的 | 20. 不斷成長的 |
| 21. 具挑戰心的 | 22. 能創造價值的 | 23. 敢講真話的 | 24. 不要一言堂的 |
| 25. 民主的、不威權的 | 26. 顧客第一主義 | 27. 注重社會責任的 | 28. 用人唯才的 |

## 四、領導力與企業文化之關係

企業高階領導團隊在企業文化上有兩件事要做到：

1.  這些領導團隊要形塑出企業好的、優良的、可被人敬重的企業文化出來。
2.  這種優良企業文化：會被融入在全體員工及組織上，因此他們也會以這些企業文化的指標，做為他們的行事風格，這樣就對公司經營帶來更好的成果。

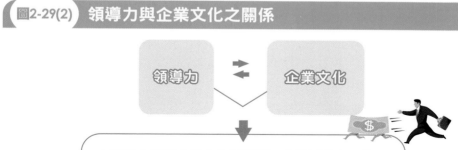

圖2-29(2) 領導力與企業文化之關係

領導力 ⇄ 企業文化

• 大家會在優良企業文化氛圍下，有效果的去工作

# MEMO

# 領導力修煉 **30**

## 領導力與問題分析及解決

# 領導力與問題分析及解決

## 一、領導力與問題分析及解決

　　企業在營運過程中，一定會遇到不同程度的大、中、小問題，而這些都有賴基層、中階及高階主管，分別給予妥善的指揮、指示及領導，以期使問題能得到快速又適當的解決，而使企業能夠正常、穩健的營業下去及成長下去。

領導力　⟷　問題分析與解決　→　・使企業每天能正常且順暢的營運下去

## 二、企業面臨問題的 13 種類型

　　企業經常會面臨的問題類型，如果依各部門功能來看，主要有如下圖示：

圖2-30(1)　企業面臨問題的 13 種類型

| | | |
|---|---|---|
| 1. 研發與技術類問題 | 2. 新品開發類問題 | 3. 採購類問題 |
| 4. 製造／生產類問題（良率問題） | 5. 品管類問題 | 6. 物流類問題 |
| 7. 營業與客戶類問題 | 8. 行銷類問題 | 9. 客戶服務類問題 |
| 10. 財務資金類問題 | 11. 法務、專利類問題 | 12. 策略類問題 |
| | 13.IT 資訊類問題 | |

### 三、Q → W → A → R 問題解決四字訣

簡單來說，對企業各種問題的解決，可從 Q → W → A → R 四字訣加以解決：

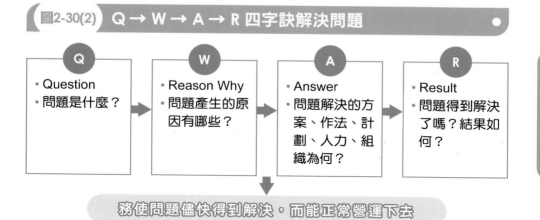

**圖2-30(2)** Q → W → A → R 四字訣解決問題

| Q | W | A | R |
|---|---|---|---|
| • Question<br>• 問題是什麼？ | • Reason Why<br>• 問題產生的原因有哪些？ | • Answer<br>• 問題解決的方案、作法、計劃、人力、組織為何？ | • Result<br>• 問題得到解決了嗎？結果如何？ |

務使問題儘快得到解決，而能正常營運下去

### 四、設立：「問題解決知識庫」

企業應該把過去長久以來在各種營運過程中，曾發生過的大、中、小問題及其當時的解決對策、作法、方案及結果，把他們記錄在公司的電腦知識庫中，以供未來員工隨時上網參考查詢；也使得問題發生與解決的知識及經驗，能夠持續性傳承下去，力使企業發生問題能減到最低、最少。

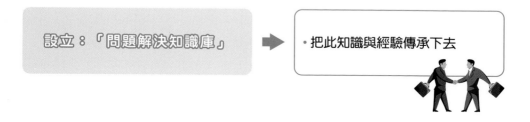

設立：「問題解決知識庫」　➡　• 把此知識與經驗傳承下去

# MEMO

# 領導力修煉 **31**

# 領導力與數字管理

# 領導力與數字管理

## 一、領導力與數字管理之關係

　　企業經營都會面臨下決策的時候，此刻各階層領導者就必須要有「數字」提供，供領導群們做出科學化及理性化的正確決策，才有利於企業未來的成長型經營。雖然，各級領導人可以靠過去豐富的經驗與直覺感做出決策，但是，數字管理仍是必要的決策參考指標之一。

**圖2-31(1)　領導力與數字管理之關係**

　　領導力　⇄　數字管理

・科學化、理性化、經驗化、數字化的下決策，才會是最佳決策

## 二、有哪些「數字管理」的項目？

　　企業面臨內部及外部很多的數字，可供經營參考及經營決策之用，如下圖示：

**圖2-31(2)　數字管理的項目**

| 外部數字 | 企業內部數字 |
|---|---|
| 1. 全球經濟成長率數字 | 1. 每月損益表數字 |
| 2. 台灣經濟成長率數字 | 2. 每月營業銷售數字 |
| 3. 全球升息率數字 | 3. 每月生產數字 |
| 4. 全球通膨率數字 | 4. 每月專利數字 |
| 5. 全球匯率數字 | 5. 每月店數成長數字 |
| 6. 國內國民所得數字 | 6. 每月離職率數字 |
| 7. 國內內需市場成長率數字 | 7. 每月客服數字 |
| 8. 國內社會文化數字 | 8. 每月品牌別銷售數字 |
| 9. 少子化／老年化數字 | 9. 每月產品別銷售數字 |
| 10. 產業成長率數字 | 10. 每月會員占比數字 |

### 三、數字分析的四種方式

面對數字在眼前，可採取四種分析方式，如下：

**圖2-31(3)　數字分析四種方式**

**1. 百分比分析**

包括：
- 簡單百分比分析
- 交叉百分比分析

**2. 占比分析**

- 即是指各項占多少比例之分析

**3. 趨勢分析**

- 即是指長期下的趨勢走向分析

**4. YoY 比（Year on Year）**

- 即是指與去年同期相比狀況

# MEMO

# 領導力修煉 32

# 領導力與經營績效八指標

# 領導力與經營績效八指標

## 一、何謂經營績效八指標？

　　企業經營到最後，它最終呈現的最重要八指標，可說是「經營績效最終八指標」，即是如下圖示：

圖2-32(1) **經營績效最終八指標** ●

| 1.<br>毛利率 | 2.<br>獲利率 | 3.<br>營業淨利率 | 4.<br>ROE |
|---|---|---|---|
| 5.<br>EPS | 6.<br>股價 | 7.<br>企業總市值 | 8.<br>營收成長率 |

▼

**長期性優良、卓越企業的八指標**

## 二、經營績效最終八指標計算公式

　　茲列示這八指標公式如下：

（一）毛利率 $= \dfrac{\text{毛利額}}{\text{營收額}}$

- 平均一般水平：30%～40%
- 高水平：40%～55%

（二）營業淨利率 $= \dfrac{\text{營業淨利額}}{\text{營收額}}$

- 此係指本業的淨利率
- 平均一般水平：3%～15%
- 高水平：15%～45%

（三）稅前淨利率 $= \dfrac{稅前淨利額}{營收額}$

- 平均一般水平：3%～15%
- 高水平：15%～45%

（四）ESP$= \dfrac{稅前淨利額}{在外流通總股數}$

- 平均：1 元～ 5 元
- 中水平：5 元～ 10 元
- 高水平：10 元～ 50 元

（五）ROE$= \dfrac{稅前淨利額}{股東權益總額}$

- 平均一般水平：3%～10%
- 高水平：10%～25%

（六）股價 證券市場每天高高低低的起伏價格。

（七）企業總市值＝股價 × 在外流通總股數

例如：台積電企業總市值超過 10 兆之台幣，位居全台第一名企業總市值。

（八）營收額成長率 係指營收額每年的成長率

## 三、如何提高這經營績效最終八指標？

企業到底要如何做，才能提高這經營績效最終八指標，這就涉及到全公司、全部門、全面性的經營、領導及管理。如下圖示：

圖2-32(2) **做好全公司、全部門的工作成效**

| | | |
|---|---|---|
| 1. 做好：人資管理 | 2. 做好：研發／技術管理 | 3. 做好：新產品開發與管理 |
| 4. 做好：製造管理 | 5. 做好：品質管理 | 6. 做好：採購管理 |
| 7. 做好：物流管理 | 8. 做好：銷售／營業管理 | 9. 做好：行銷管理 |
| 10. 做好：售後服務管理 | 11. 做好：IT 資訊管理 | 12. 做好：財務管理 |
| 13. 做好：策略規劃管理 | 14. 做好：門市店管理 | 15. 做好：經營企劃管理 |

提高經營績效最終八指標數據

### 四、領導力與經營績效最終八指標之關係

公司經營績效最終八指標，雖是全公司、全部門共同努力的成果，但這其中，對於基層、中階、高階領導人，則扮演了非常重要的角色及功能，若沒有這三層級領導人的共同努力與投入，則這八指標績效就很難好看。

**圖2-32(3)　領導力與經營績效最終八指標之關係**

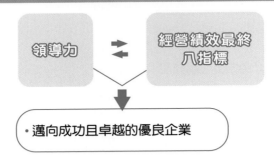

# 領導力與指揮、溝通、協調

一 　各級領導主管的垂直指揮與水平溝通協調

二 　如何做好跨部門溝通、協調、請求支援？

# 領導力與指揮、溝通、協調

## 一、各級領導主管的垂直指揮與水平溝通協調

做為各級領導主管，從基層、中階到高階領導者，其工作最主要可區分為 2 大類：

### （一）垂直性工作：

亦即針對同一部門內的向下層加以督導、領導與指揮。如下圖示：

圖2-33(1) 同一部門垂直性工作

（同一部門）
（垂直）

・督導
・指揮
・領導

### （二）水平性工作：

亦即跨部門的溝通及協調工作。

圖2-33(2) 跨部門水平性工作

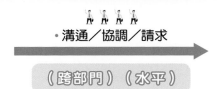

・溝通／協調／請求

（跨部門）（水平）

## 二、如何做好跨部門溝通、協調、請求支援？

各部門各級主管，如何向跨部門主管做好：溝通、協調及請求支援呢？主要必須做到：

**圖2-33(3)** 溝通、協調、請求支援的態度

| 1. 盡量客氣一點 | 2. 盡量低姿態一點 | 3. 勿用命令口吻，而是用請求支援口吻、語氣 | 4. 盡量依公司制度與規定進行溝通／協調 |

**圖2-33(4)** 總結圖示：33 堂領導力修煉課

**修煉 1**
- 領導力與核心能力暨競爭優勢

**修煉 2**
- 領導力與創新

**修煉 3**
- 領導力與環境 3 抓

**修煉 4**
- 領導力與布局未來（超前布局）

**修煉 5**
- 領導力與 SWOT 分析

**修煉 6**
- 領導力與財務資源（深口袋）

**修煉 7**
- 領導力與人才資源

**修煉 8**
- 領導力與決策管理

**修煉 9**
- 領導力與每月損益表檢討

**修煉 10**
- 領導力與授權

**修煉 11**
- 領導力與成長戰略

**修煉 12**
- 領導力與行銷

**修煉 13**
- 領導力與高值化（高附加價值）經營

**修煉 14**
- 領導力與經濟規模優勢創造

**修煉 15**
- 領導力與求新、求變、求快、求更好

**修煉 16**
- 領導力與企業競爭策略

**修煉 17**
- 領導力與管理循環七步驟（D-O-S-P-D-C-A）

**修煉 18**
- 領導力與企業價值鏈

| 修煉 19 | 修煉 20 | 修煉 21 |
|---|---|---|
| ・領導力與管理 11 化 | ・領導力與激勵 | ・領導力與 CSR、ESG 永續經營 |

| 修煉 22 | 修煉 23 | 修煉 24 |
|---|---|---|
| ・領導力與產業洞察及經營 | ・領導力與全球化布局 | ・領導力與競爭對手動態掌握 |

| 修煉 25 | 修煉 26 | 修煉 27 |
|---|---|---|
| ・領導力與年終績效考核 | ・領導力與外部人脈關係 | ・領導力與併購 |

| 修煉 28 | 修煉 29 | 修煉 30 |
|---|---|---|
| ・領導力與 BU（利潤中心）制度 | ・領導力與企業文化 | ・領導力與問題分析及解決 |

| 修煉 31 | 修煉 32 | 修煉 33 |
|---|---|---|
| ・領導力與數字管理 | ・領導力與經營績效八指標 | ・領導力與指揮、溝通、協調 |

# 第三篇
# 七位大師的領導力理念

# 第1位　鴻海集團創辦人郭台銘

## 一、隨時確立方向、掌握方向

　　企業要贏，領導人就得隨時確立方向、並掌握方向。所謂「方向」，包括外在的方向、政策的方向、心的方向。例如：在眾多的事業及產品線中，究竟要先做哪一項商品、哪一個地區客戶、要先開發哪些技術？這些都要依賴方向的訂定。但是，方向不是空想而得，而是一步一步走出來的。若不知道方向，沒關係，但至少要先敢於踏出第一步。

圖3-1(1)

- 領導人要：隨時確立方向、掌握方向

- 方向不是空想而得，而是一步一步走出來的

## 二、掌握趨勢，等待時機

　　前面提過，企業要贏，就必須贏在對方向的掌握與確立。但「掌握方向」只是第一步，還不足以成事，第二步是選擇正確的時機。當時機尚未來臨時，領導人切忌躁進與唐突；然而，一旦看見時機展現曙光時，便要當機立斷，切不要因為猶豫不決而錯失先機。所謂時機，並不會在你面前宣告我來了，時機往往是預先看到的，它是一種企業領導人出自預測的直覺。另外，就是該如何「把握時機」呢？這就要培養出觀察細微跡象的「洞察力」（insight）。

圖3-1(2)

- 先掌握：方向
- 洞察力（insight）
- 再選擇：正確時機

三、領導人要有當責心──責任心，就是不把一切歸咎於環境或他人

　　郭台銘創辦人用人，不是只看重能力，如果一個人有 90 分能力，但不負責任、做事不用心，在他眼裡，可能最高只剩下 70 分。任何一個有責任感的人，不需要被管理。

　　經營企業的時候，在郭台銘的字典裡沒有管理兩個字，只有責任。當責心，就是你答應的事本來就要做出來。當責心、責任心，就是對於他人與所處環境，都不會抱持埋怨的消極態度，而是讓自己隨時主動積極，能夠隨時採取行動，只要機會一來，就會隨時準備突破僵局，這就是當責心與責任心。當責心、責任心，就是不把一切歸咎於環境或他人，命運是掌握在自己手裡。

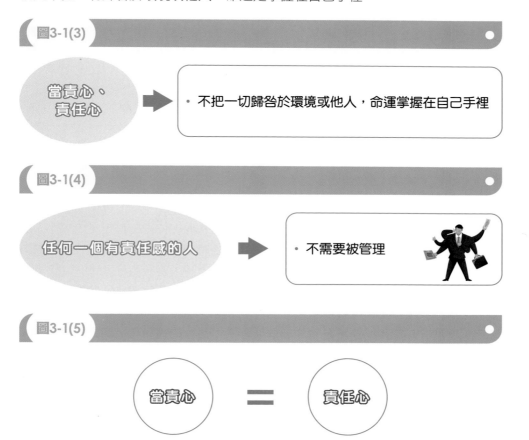

圖3-1(3)

當責心、
責任心　　➡　　・不把一切歸咎於環境或他人，命運掌握在自己手裡

圖3-1(4)

任何一個有責任感的人　　➡　　・不需要被管理

圖3-1(5)

當責心　＝　責任心

四、如何貫徹執行力？在於目標要明確，以及謀定而後動，是基本的準則

　　什麼是執行力？執行力是速度、準度及精確度的全面貫徹；執行力就是你一心一意要把事情做好。那要如何貫徹執行力？就我的經驗，在於目標／願景的明

確。當目標確定之後，就要整個組織時時刻刻朝此目標邁進。目標若不明確，根本就無法帶動執行力。

另外，不管是創業或經營事業，謀定而後動，都是基本準則，很多企業都因事前規劃不足，導致營運面、資金面接連遇到困難，沒多久就被市場淘汰。

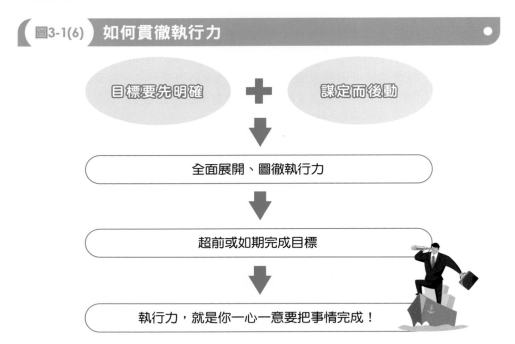

**圖3-1(6)　如何貫徹執行力**

目標要先明確　✚　謀定而後動

⬇

全面展開、圖徹執行力

⬇

超前或如期完成目標

⬇

執行力，就是你一心一意要把事情完成！

**五、領導人：心胸有多大，舞台就有多大**

（一）創業沒多久，我就知道我不能只是一個人，我需要號召有為的夥伴，並且廣納賢士，企業才會成功。

（二）所謂的領導者，並不是擁有一群僅會聽從命令的追隨者，而是充分授權，讓每個階層的主管與員工，都能充分發揮他們的潛能。

（三）如果公司裡的所有員工都只知道追隨老闆，到最後他們只會做老闆認為需要做的事情，而不會主動開創出各種新的可能。

（四）所謂「心胸要大」，第一，是指自己的心胸要有凌雲壯志，第二，是指自己的心胸要虛懷若谷，以人為師，唯有結合這兩種層面的意義，領導人才能真正壯大心胸，開創出越來越大的舞台。

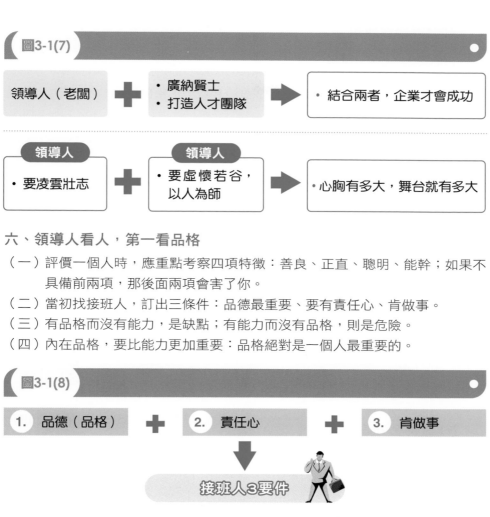

## 六、領導人看人，第一看品格

（一）評價一個人時，應重點考察四項特徵：善良、正直、聰明、能幹；如果不具備前兩項，那後面兩項會害了你。

（二）當初找接班人，訂出三條件：品德最重要、要有責任心、肯做事。

（三）有品格而沒有能力，是缺點；有能力而沒有品格，則是危險。

（四）內在品格，要比能力更加重要：品格絕對是一個人最重要的。

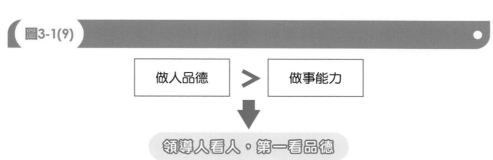

鴻海集團創辦人郭台銘

## 七、隨時要學習新知

（一）我最厭惡大學或研究所畢業後，就停止知識精進的那種人，好像學習是學給學校老師看的。

（二）在當下這個爆炸進步的時代，只要一年以上不學習新知，就一定會跟不上時代。

（三）終身學習，絕對是為了自己、為了公司、為了社會。

（四）新知，是競爭力的一環，全體員工都有新知之後，整個公司的競爭力就會更強大。

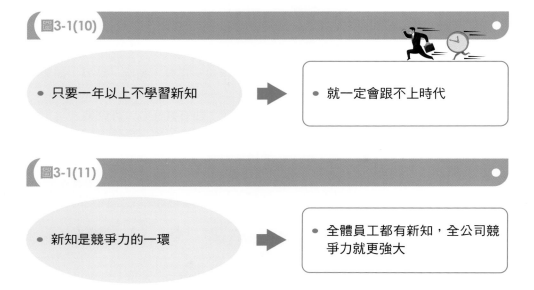

圖3-1(10)

只要一年以上不學習新知　➡　就一定會跟不上時代

圖3-1(11)

新知是競爭力的一環　➡　全體員工都有新知，全公司競爭力就更強大

## 八、領導人要充分信任、要充分授權

（一）當你信任員工，相信員工會逐步完成這項使命時，員工就會被你激發出完成使命的潛能。

（二）除了信任，充分授權，才能讓員工感受到被信任，同時也感受到自己擁有絕對的權限，當主導權在自己身上的時候，就完全沒有辦法推卸責任，這時候，便會督促員工使命必達。

圖3-1(12)

1.充分信任  2.充分授權

- 員工會自發性與積極性完成工作使命
- 員工才會更成長

## 九、成功者找方法，我這輩子都沒想過困難是什麼

（一）當遇見問題，就試著提出問題，把現有的狀況予以客觀的分析，而後致力於解決問題。

（二）想做任何事，有順境，也會有逆境；最好的應對辦法是，練就對抗逆境的體質。當遇到困難，就告訴自己趕快找方法，不要被困難所擊倒，新創意也就因此源源不絕了。

（三）很多時候，新的想法、新的模式，都是因為要挑戰困難才被激發出來的。

圖3-1(13)

- 成功者找方法  • 我這輩子都沒想過困難是什麼

圖3-1(14)

- 當面對逆境時  • 最好的應對辦法是：練就對抗逆境的體質

## 十、多培養國際視野及全球化布局

（一）當累積越多的國際視野，就越能明白自己所在的處境，以及未來應該採取
　　　怎樣的行動。

（二）領導人不能侷限於台灣市場，必須培養國際視野，多走向全球布局，市場
　　　與成長空間才會更放大、放遠、放高、放廣。

（三）領導人必須兼具兩種視野，一個是從台灣看世界，另一個是從全球看台灣，
　　　這兩種視野及思維都必須兼有，才能真正做到、做好：「立足台灣，放眼
　　　全球」。

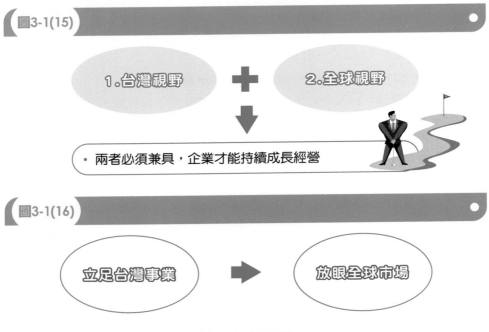

圖3-1(15)

1.台灣視野　＋　2.全球視野

・兩者必須兼具，企業才能持續成長經營

圖3-1(16)

立足台灣事業　→　放眼全球市場

## 十一、多培養數字觀念，用數字來經營公司

（一）無論你們從事怎麼樣的工作，都一定要多累積自己的數字觀念，這是基本
　　　功夫。包括：財務學、會計學、經濟學、採購學、營運學、統計學、成本
　　　學等，都有重要的數字觀念，值得每位員工及各階層主管了解、熟悉及運
　　　用。

（二）我在公司，對任何報告都要有數字分析及成本與效益分析，我才會批示，
　　　我是用「數字管理」來經營鴻海集團的；總之，「數字知識」是非常重要
　　　的根基。

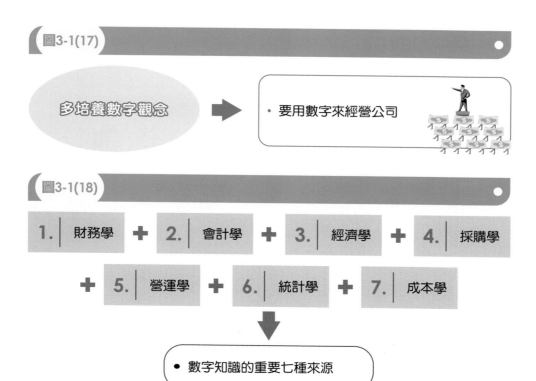

圖3-1(17)

多培養數字觀念 ➡ ・要用數字來經營公司

圖3-1(18)

| 1. | 財務學 | + | 2. | 會計學 | + | 3. | 經濟學 | + | 4. | 採購學 |

+ 5. 營運學 + 6. 統計學 + 7. 成本學

⬇

・數字知識的重要七種來源

十二、企業會成長，不是一個人的功勞，而是團隊工作的成果

（一）我想要強調的是，人才應該具備一個重要特質，即：能夠團隊合作。

（二）只要組織團結起來，目標一致，人人都可以變成一流人才。

（三）切勿因為自己的個人主義，而影響到團隊的成敗。

（四）領導人就是這個組織團隊的總舵手，他必須很清楚為團隊指出：前進的方向、前進的目標、前進的策略及前進的獎勵。

圖3-1(19)

・企業會成長，不是一個人的功勞 ➡ ・而是組織團隊工作的成果

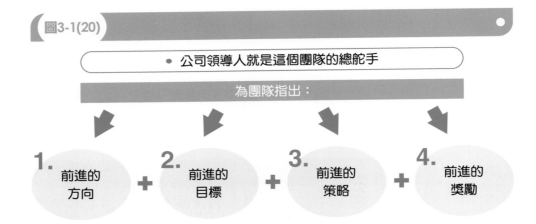

圖3-1(20)

● 公司領導人就是這個團隊的總舵手

為團隊指出：

**1.** 前進的方向　**+**　**2.** 前進的目標　**+**　**3.** 前進的策略　**+**　**4.** 前進的獎勵

## 十三、小結（歸納摘要）

郭台銘創辦人：領導經營觀念總結語

（一）領導人必須：隨時確立公司現在及未來發展方向並掌握方向。

（二）領導人必須：掌握趨勢，等待時機、抓住時機。

（三）領導人要有：當責心，別把困頓、挫折、問題歸咎於大環境及他人。

（四）領導人必須：目標明確，謀定而後動，然後貫徹執行力。

（五）領導人要有：心胸有多大，舞台就有多大。

（六）領導人看人：第一看品德。

（七）領導人必須：隨時要學習新知，否則，一定會跟不上時代。

（八）領導人必須：對各層級幹部充分信任，並充分授權。

（九）領導人必須：成功者找方法，遇到困境或麻煩時，一定要想辦法解決，一定有方法，不要悲觀。

（十）領導人必須：多培養國際觀及做好全球布局。

（十一）領導人必須：多培養數字觀念，要用數字來經營公司。

（十二）領導人必須：認知到企業會成長、成功，不是老闆一個人或某個人的功勞，而是組織團隊共同努力工作的成果。

（十三）領導人必須：體認到他就是這個組織團隊的總舵手。他必須為團隊指出：

　　　　1. 前進的方向

　　　　2. 前進的目標

　　　　3. 前進的策略

　　　　4. 前進的獎勵

# 第 **2** 位

# 台積電前董事長張忠謀

# 第 2 位　台積電前董事長張忠謀

## 一、領導人要能感測危機與良機

（一）我做董事長的工作任務之一，就是避免危機發生；我覺得領導人的角色之一，就是要感測危機與良機。要能預測危機，並趕快採取行動避免發生；要預知良機，所以能善加利用。

（二）確實很難準確的預測未來，但企業領導人要有一個責任，去預測一個範圍內可能發生的事情，他有這個責任，帶領企業朝他認為這個範圍裡，最可能的路走。

 **3-2(1)**

- 領導人要能感測危機與良機 → ・採取行動，避免危機發生！<br>・預知良機，盡力掌握住 → ・領導人要有解讀未來的變化與趨勢之能力

## 二、談公司的誠信價值

（一）台積電的十大經營理念，第一條就是 integrity（誠信），它的重要性甚至高於創新。

（二）我覺得誠信是人格問題，非但是我自己，對我認識的人，誠信是第一個標準，一個人不符合誠信，我絕對不會把那個人放在我的身邊。

（三）公司經營，更必須要仰賴誠信，有了誠信，讓客戶可以信任你，並會對生意往來有較高的忠誠度及黏著度。台積電的國外客戶都很信任、信賴我們，這是一種最大的無形資產價值。

**3-2(2)**

- 台積電十大經營理念 → ・第一條就是誠信（integrity） → ・客戶會信任、信賴我們，長期跟我們做生意往來！ → ・誠信（integrity），是公司最大無形資產價值

### 三、領導人最重要的功能：給方向

（一）有些成功的企業家曾表示：「成功領導人最重要的工作，是激勵他的員工。」可是激勵下屬之後，他們要做什麼事情？要往哪裡發展？這才是最重要的。

（二）領導人是要帶給他們方向，如果僅是一位激勵者，下屬很努力在做事，可以跑很快，但也有可能在原地打轉。

（三）領導人最重要的功能，是「知道方向、找出重點、想出解決大問題的辦法」，這也是檢驗一個好的領導人的主要條件。

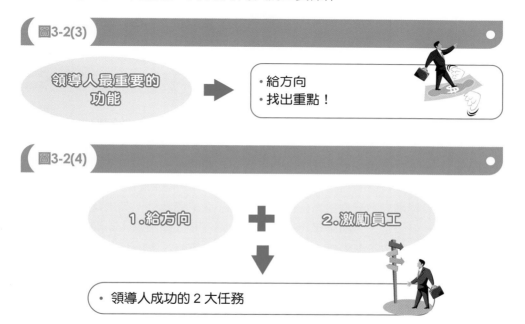

圖3-2(3)

領導人最重要的功能　➡　・給方向　・找出重點！

圖3-2(4)

1.給方向　➕　2.激勵員工

・領導人成功的 2 大任務

### 四、成功的領導：強勢而不威權

（一）威權領導是完全倚賴權威，一種「一言堂」式的領導。

（二）但是，強勢領導的特質，包括：對大決定有強的主見，常常徵詢別人的意見，對方向性及策略性以外的決定從善如流，以及不倚賴威權，也不以很多時間去說服每一個人。

（三）我以為成功的領導，一定是強勢領導，因為一個領導者要帶領公司的方向，如果沒有主見，那要領導什麼呢？

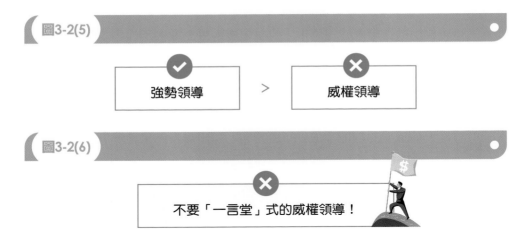

圖3-2(5)

強勢領導　＞　威權領導

圖3-2(6)

不要「一言堂」式的威權領導！

## 五、企業最重要 3 大根基：願景、企業文化、策略

（一）企業領導人必須要清楚的知道公司的願景，否則被員工問到而答不出來的時候，大家會覺得公司沒目標。

（二）因此，一家公司的總裁或董事長不妨可以想想，找出一個高層次的，可以讓員工視為長遠的目標，至少是十年、二十年可達到的目標。

（三）一家公司應該有三件最重要的基礎，除了企業願景外，其次是公司的企業文化，至少是三、四十年可以不改的；第三是公司策略，時間可以比願景短一點，但也不能每年都在改，一個不錯的策略，應該可以五年不改。

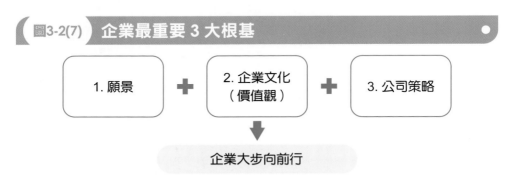

圖3-2(7)　企業最重要 3 大根基

1. 願景　＋　2. 企業文化（價值觀）　＋　3. 公司策略

企業大步向前行

## 六、建立公司五大競爭障礙：成本、技術、智產權、服務及品牌

（一）在公司策略中，一定要建立競爭障礙，競爭障礙最普遍的就是：成本比對手低。但低成本是很辛苦的事業，因為成本低個 5%、10%，已經很不容

易，而且易被追趕上來。

（二）第 2 種競爭障礙是：先進技術。這只有少數人擁有的競爭障礙，台積電近十年來能夠領先三星及英特爾，就是因為有先進研發技術及高良率製程技術。

（三）第 3 種競爭障礙：智慧財產權（智產權）。

（四）第 4 種：客戶的服務，台積電建立十多年來客戶對我們信賴與肯定的各種服務品質。

（五）第 5 種：公司聲譽也是一種競爭障礙，也可把它說成是「品牌」（brand）的競爭優勢，像是歐洲名牌精品、名牌汽車，都是擁有極高的品牌價值的。

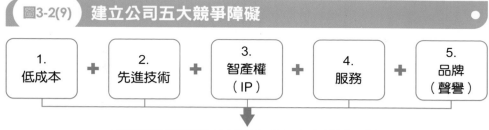

**圖3-2(9) 建立公司五大競爭障礙**

1. 低成本 ＋ 2. 先進技術 ＋ 3. 智產權（IP） ＋ 4. 服務 ＋ 5. 品牌（聲譽）

保持公司在產業中的領導地位與高市占率

七、小結（歸納摘要）

（一）領導人必須：要能及早感測知道外部大環境帶來的危機與良機，並轉達給全體員工。

（二）領導人必須：要有解讀未來的變化及趨勢走向之能力。

（三）領導人必須：堅守公司的誠信（integrity）觀，誠信是公司最大的無形資產價值。

（四）領導人必須：讓客戶信賴、信任我們，願意長期跟我們往來做生意。

（五）領導人必須：給下屬 3 件事：給方向、給重點、給激勵（獎勵）。

（六）領導人必須：強勢領導而不是威權領導。

（七）領導人必須：訂好企業最重要 3 大根基，即：願景、企業文化、策略。

（八）領導人必須：建立公司五大競爭障礙，即：低成本、先進技術、IP 智產權、服務及品牌（聲譽）。

# MEMO

# 第**3**位

# 台達電創辦人鄭崇華

# 第 3 位　台達電創辦人鄭崇華

## 一、堅持品質，是永續經營的根基

（一）從台達電創立開始，就堅持落實「從開始，就做對」的品質管理態度，嚴格控管。從產品設計開始，就進入品質及可靠度管控，不斷有效改進，得到客戶很大滿意。

（二）落實品管，不只是品管經理的事，而是全公司每個人的責任。

（三）品質口碑，是最好的銷售員。

（四）品質第一，是台達人的信念，台達人確信，沒有品質就沒有明天。

（五）台達電公司一路對品質堅持執著精神，就是能取得客戶信任的最大保證。

圖3-3(1)

| 品質口碑 | 沒有品質 | 對品質的堅持 |
| --- | --- | --- |
| 是最好的銷售員 | 就沒有明天 | 取得客戶信任的最大保證 |

## 二、創造藍海，不和別人做一樣的產品

### （一）太容易做的東西，不要做：

愈難的技術，愈能立於不敗之地。太簡單的，誰都可以做的東西，取代性及淘汰性都很高。

### （二）一定要憑技術與品質取勝：

要有技術及品質的高門檻、高標準，做和別人不一樣的東西，才能在激烈競爭中，突圍而出。換言之，創新、獨特、困難的產品，就是台達電專注的目標，也是引領產業的成功之道。

### （三）找到對的產品：

培養自己的技術能力，創造高度競爭的門檻，不做惡性競爭的市場及產品，開拓出藍海市場，讓台達電始終站穩領導地位。

圖3-3(2)

創造藍海,不和別人做一樣的產品

圖3-2(3)

太容易做的東西,
不要做  ・要做有高技術、高門檻、不一樣的東
西,才會勝出

三、知人善任,用真心回饋員工

（一）一家公司如果員工沒有得到合理的對待及回饋,工作沒有成就感,也不以
公司成長為榮,即使公司再賺錢,也沒有什麼了不起,更不值得驕傲。

（二）做主管、做領導的,要多看員工的優點,把人才用在對的地方。如果每個
人的優點,都能被發掘出來,會有更大發揮空間。

（三）知人善任,用對的人,並充分授權,讓人才適才適所,充分發揮特長,即
是台達電公司在業界勝出和長青的關鍵。

（四）很多人才會流失,是主管不了解他的價值,如果把人放錯位置,員工做不
好就會離開。

 圖3-2(4) 知人善任、用真心回饋員工

・用對的人
・充分授權
・適才適所  是台達電公司勝出
長青的關鍵!

圖3-3(5)

領導人：
• 要多看員工的優點
• 要把人才用在對的地方

## 四、快速敏捷，使命必達

（一）台達電成功的關鍵之一，就是快，凡事要求快速。

（二）快速的決斷力、行動力，加上人人全力以赴，是台達電能掌握機先，成功致勝的要素。

（三）「不說不」的原則，讓台達電即使遇到再大的難題與困境，都會想辦法克服及解決，以突破困難。

（四）實實在在、重視品質、敏捷快速、團隊合作，即是台達電的企業文化及精神。

（五）在瞬息萬變的變局中，就是要能快速、敏捷應變，才能洞察趨勢、掌握機先。

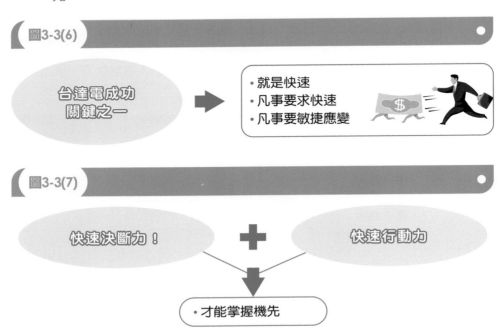

圖3-3(6)

台達電成功
關鍵之一　　➡

• 就是快速
• 凡事要求快速
• 凡事要敏捷應變

圖3-3(7)

快速決斷力！　　＋　　快速行動力

• 才能掌握機先

## 五、洞燭機先，創新第一

（一）台達電在全球電源供應器市場始終穩居龍頭地位，其創新的研發力，持續
引領世界創新的腳步。

（二）我們秉持的信念是：台達電一直走在人家前面，是領先者，而不是追隨者。

（三）創新就是要一試再試，不斷精進，只有當你做好準備，機會來臨時才能抓
得住。

（四）善用好奇心，可以成為創造的來源；很多時候，若能在生活中用心留意，
透過對自然的觀察，形成創新設計的點子，就能把創意變成商機。

（五）我們也鼓勵員工多動腦、多動手做，積極塑造創新文化，並化為行動，公
司設立「台達電創新獎」，以鼓勵員工個人與團隊創新研發，累積頒發超
過 6,000 萬元獎金。

（六）台達電的核心競爭力，即來自於技術領先；而創新，則是台達電始終如一
的核心價值，並締造許多創新成果。

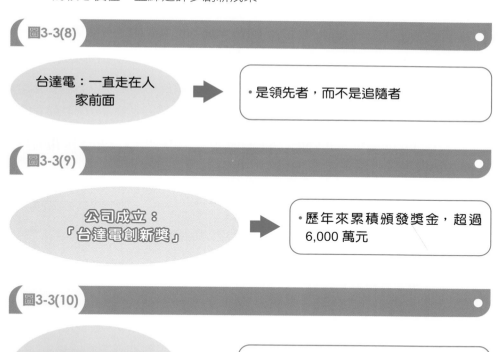

圖3-3(8)

台達電：一直走在人家前面　➡　・是領先者，而不是追隨者

圖3-3(9)

公司成立：「台達電創新獎」　➡　・歷年來累積頒發獎金，超過 6,000 萬元

圖3-3(10)

台達電的核心能力，即來自於技術領先　➡　・而創新，是台達電始終如一的核心價值

六、厚植研發能量，與時俱進

（一）「台達研究院」（Delta Research Center, DRC）：

在 2013 年成立。DRC 的人才，由物聯網、生命科學、軟體開發、工業控制、數據分析、製造等人才組成，目前 DRC 團隊成員有 300 多人，過去以來，每年都會有 100 多人分出去成立新事業（New Business Development, NBD），再召募 100 多位新血進來。

（二）2011 年，台達電導入新事業發展（NBD）制度，每年投入 1% 的營業額，以開發新事業，創造更多新營收來源。

（三）台達電在研發基礎上扎根 50 年，平均每年至少提撥總營收 5%，做為創新研發費用，以 2023 年為例，創新研發費用，即占總營收 8%。

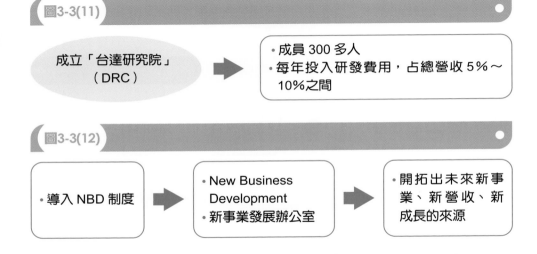

圖3-3(11)

成立「台達研究院」（DRC）　➡　• 成員 300 多人
• 每年投入研發費用，占總營收 5%～10% 之間

圖3-3(12)

• 導入 NBD 制度　➡　• New Business Development
• 新事業發展辦公室　➡　• 開拓出未來新事業、新營收、新成長的來源

七、小結（歸納摘要）

（一）領導人必須：堅持品質，品質第一，做為永續經營的根基；因為，沒有品質，就沒有明天。

（二）領導人必須：創造藍海，不和別人做一樣的產品，才能成功致勝。

（三）領導人必須：知人善任、用人唯才、把人用在對的地方、並多用他們的優點，企業才能長青不墜。

（四）領導人必須：真心回饋員工，把公司賺的錢，回饋一部分給全體員工，並做到充分授權。

（五）領導人必須：快速的決斷力及行動力，加上全力以赴，必能成功。

（六）領導人必須：真正做到敏捷應變、洞察趨勢、掌握機先。

（七）領導人必須：要一直走在人家前面，是領先者（leader），而不是跟隨者
　　　（follower）。

（八）領導人必須：強化技術領先，成為核心競爭力。

（九）領導人必須：把創新，做為公司始終如一的核心價值。

（十）領導人必須：導入新事業發展（NBD）辦公室，不斷開展出新事業，創造
　　　出新成長、新營收。

# MEMO

# 第 **4** 位

# 全聯超市董事長林敏雄

# 第 4 位　全聯超市董事長林敏雄

## 一、堅持「低價」、「微利」

（一）自我接手全聯超市以來，我就堅持「低價」及「微利」根本原則，我的低價，就是獲利不能超過 2%，其他多的利潤，必須回饋全體消費者，「2% 獲利」就是我的天條，員工不可以超過。

（二）因為，我是從照顧民眾出發，全聯的商品雖然低價，但是商品品質絕不打折扣，「實在真便宜」的 slogan，是我對消費者不變的承諾。

（三）全聯能堅持「低價」策略，獲得供貨廠商的支持非常重要，雙方合作，共同成長茁壯，我們追求的是全聯、消費者、供貨廠商的三贏。

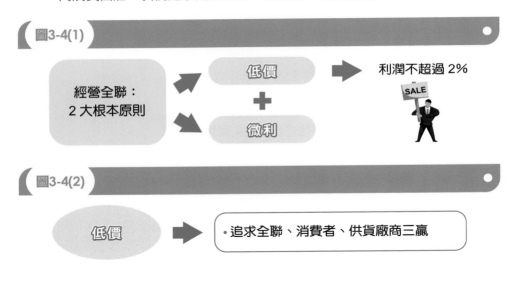

圖3-4(1)

經營全聯：2 大根本原則　→　低價　＋　微利　→　利潤不超過 2%　SALE

圖3-4(2)

低價　→　・追求全聯、消費者、供貨廠商三贏

## 二、經營企業：追求獲利＋善盡企業社會責任

（一）我一直相信，經營企業不能只是追求獲利，更要善盡企業社會責任，因為這份使命感，我們關心台灣農業，盡量銷售台灣好的農產品；同時，也透過我們的「慶祥基金會」及「佩樺基金會」，將公益與賣場結合，幫助社會弱勢族群。

（二）我始終把弱勢族群放在心上，希望全聯不只是提供社區生活必需品的福利中心，更是散播溫暖及愛心的公益賣場。

（三）全聯是本土企業，所以我們一定要對台灣這塊土地，做出貢獻。

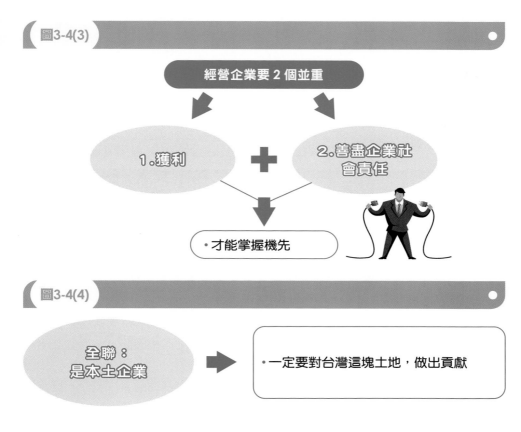

**圖3-4(3)**

經營企業要 2 個並重

1.獲利 ＋ 2.善盡企業社會責任

・才能掌握機先

**圖3-4(4)**

全聯：
是本土企業　→　・一定要對台灣這塊土地，做出貢獻

## 三、人才培育，是企業成長的基本功

### （一）人才培育，是企業傳承的根本：

　　美國管理學大師彼得・杜拉克曾點出經理人的基本任務之一，就是培養下一代經理人，這一點，早已融入全聯 25 年的生命歷程中。

### （二）全聯的教育訓練，經費是無上限：

　　我們推出很多員工的教育訓練課程。全聯的門市幹部，基本上不用空降部隊，多半從基層晉升上來，除了從實戰中學習，總部也會規劃訓練課程，帶領員工成長。

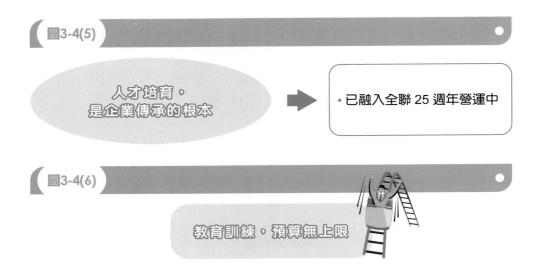

圖3-4(5)

人才培育，
是企業傳承的根本　　➡　　・已融入全聯 25 週年營運中

圖3-4(6)

教育訓練，預算無上限

## 四、用人大膽、尊重專業、充分授權

（一）我的用人哲學，最根本一條就是尊重專業，並且接納不同意見及聲音。

（二）信任員工、充分授權，一直是我用人的基本原則。也因此，會讓員工不由自主的願意積極承擔責任，因為權責是一致的。

（三）此外，我用人也很大膽，只要是有專業的人，有品德的人，我都不認識他們，但我都大膽用他們，很多事情都是由他們做決定的。

（四）此外，我用員工，會儘量看他們的優點，把人擺在對的位置上，因此，每個員工工作都會全力以赴，並且使命必達。

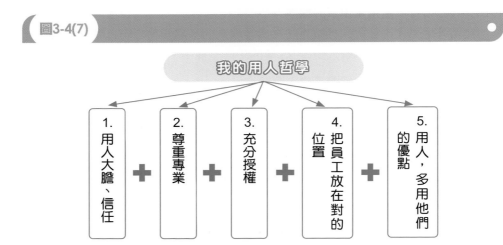

圖3-4(7)

我的用人哲學

1. 用人大膽、信任　＋　2. 尊重專業　＋　3. 充分授權　＋　4. 把員工放在對的位置　＋　5. 用人，多用他們的優點

**五、加速併購、加速展店，形成經濟規模優勢及進入門檻**

（一）我們以展店、併購，打下規模，如今已達 1,200 店之多，居全台之冠，已形成經濟規模優勢，並拉高進入門檻，別人已很難進來競爭。

（二）我的重要策略，就是大量展店，在流通零售業，店數帶來的經濟規模，是生存的關鍵。

（三）透過快速展店，累積全聯做為大型通路的實力，除了讓初期不支持全聯的供應商回心轉意外，也成功擺脫被量販店壓著打的逆勢；在開展第 250 家店之後，全聯開始損益平衡，業績向上拉出成長曲線。

迄 2024 年，全聯已達 1,200 店，年營收高達 1,700 億元，僅次於統一超商的 1,800 億元，居全台年營收額第 2 大零售業。

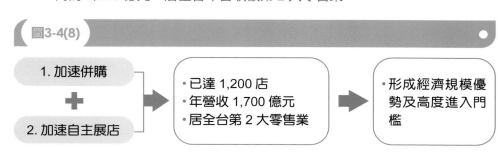

圖3-4(8)

- 1. 加速併購
- ＋
- 2. 加速自主展店

→

- ・已達 1,200 店
- ・年營收 1,700 億元
- ・居全台第 2 大零售業

→

- ・形成經濟規模優勢及高度進入門檻

**六、小結（歸納摘要）**

（一）領導人必須：做零售業必須堅持「低價」、「微利」、「只賺 2% 利潤，其它全部回饋給消費者

（二）領導人必須：追求企業獲利之外，更要善盡企業社會責任

（三）領導人必須：人才培育，是企業成長的基本功，並且內部教育訓練預算無上限。

（四）領導人的用人哲學：

1. 用人大膽，信任
2. 尊重專業
3. 充分授權
4. 把員工放在對的位置
5. 用人，多用他們的優點

（五）領導人必須：加速併購、加速展店，形成經濟規模優勢及高的進入門檻。

# MEMO

# 統一超商公司前總經理徐重仁

# 第5位 統一超商公司前總經理徐重仁

一、因應變革，順勢而為

（一）在這快速變革的時代，環境變化之快速多元，已超乎人們的想像；如何因應調整，順勢經營是一大重點。

（二）順勢經營，除指組織調整、新商品／新服務的開發，更涵蓋企業經營及投資策略的調整。

（三）統一超商的組織分分合合，因應營運需求的變化，儘量保持變形蟲般的彈性。

（四）在競爭激烈的環境中，很多企業消失或由盛而衰，主要就是沒有及早應變。

（五）我常提醒員工，過去可行的，今天不一定能行得通。

（六）如何對變革敏感，及早調整，是生存第一課題。

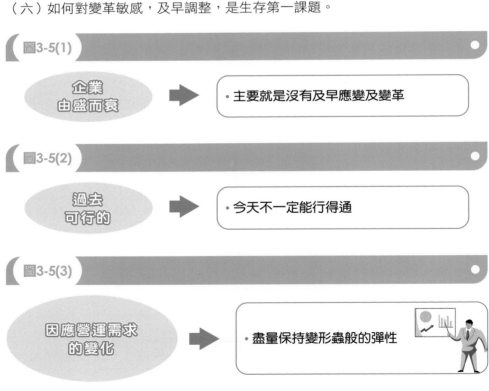

圖3-5(1)

| 企業由盛而衰 | ➡ | ・主要就是沒有及早應變及變革 |

圖3-5(2)

| 過去可行的 | ➡ | ・今天不一定能行得通 |

圖3-5(3)

| 因應營運需求的變化 | ➡ | ・盡量保持變形蟲般的彈性 |

## 二、堅持品質是長期的功課

（一）嚴格做好品質把關與控管，才能讓消費者放心使用，這也是企業應負的責任。

（二）為了讓消費者吃得安心，統一超商多年前即推動「200% QC」，並特別召集品管人員，成立「200% QC 小組」，切實執行超越百分之一百的品管作業標準。執行範圍從原物料端到工廠，工廠到物流中心，物流中心到門市，門市到消費者端，可說是全程供應鏈品保。

（三）若要得到顧客的信賴，必須全力維護產品品質，則品質這門課是永無休止的。

**圖3-5(4)　成立「200% QC 小組」**

成立「200%QC小組」

- 全力做好產品的 200 分品質保證
- 品質保證這門課是長期功課
- 終究會得到顧客的信賴

## 三、顧客滿意為事業成功的關鍵所在

（一）經營事業，最重要是滿足顧客，唯有如此，才會有錢賺。

（二）能讓顧客滿意、甚至感動，才是事業成功最基本要素。

（三）顧客滿意度決定因素有三個：商品、服務、形象。

（四）對於顧客需求的變化，保持高度敏感，積極改善顧客不滿意之處。

（五）顧客滿意度的高低，不只是第一線門市人員的責任，在售後服務部門、在總部各部門的全體員工都有責任的。

（六）我們必須從商品、從服務、從門市店裝潢，不斷提升顧客滿意度，才可以持續存活下去

**圖3-5(5)**

事業成功最基本要素 ➡ ・讓顧客滿意及感動

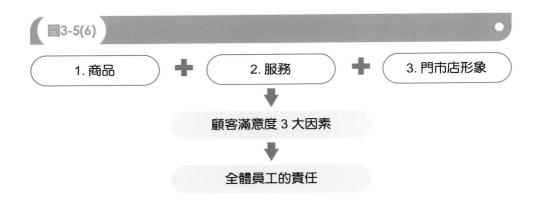

圖3-5(6)

1. 商品 ➕ 2. 服務 ➕ 3. 門市店形象

⬇

顧客滿意度 3 大因素

⬇

全體員工的責任

## 四、創新與變革

（一）即使是全球一流的企業，也必須不斷變革及自我超越。

（二）從每天工作的方法中，就可以進行許多小的改善，累積出小的變化與動力，這樣的變革對企業反而更重要。

（三）企業衰退的原因在於：驕傲與自我滿足。

（四）經營者不應只顧追求事業的規模，而是要不斷追求革新。

（五）所謂經營革新，包括：成本下降、行銷手法不斷翻新、新產品開發、新通路拓展、內部組織變革、資訊科技及 AI 應用不斷提升。

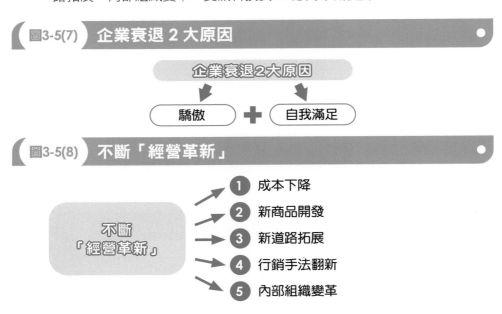

圖3-5(7)　企業衰退 2 大原因

企業衰退2大原因

驕傲 ➕ 自我滿足

圖3-5(8)　不斷「經營革新」

不斷「經營革新」

1 成本下降
2 新商品開發
3 新道路拓展
4 行銷手法翻新
5 內部組織變革

## 五、消費趨勢的創造者

（一）身為市場領導者，更必須以「消費趨勢的創造者」自許，眼光放遠，看到未來的趨勢需求。

（二）無論任何企業都不能坐以待斃，必須以靈活概念，時時用心觀察環境的改變，預見潛在消費需求，並主動去開發及滿足。

（三）從消費者情境思考，貼近消費需求，是事業經營成敗的關鍵；唯有如此，才能滿足市場需求，甚至是創造需求，引領消費趨勢，並在其中掌握到商機。

（四）我們要不斷為消費者創造更美好的生活而努力。

**圖3-5(9)**

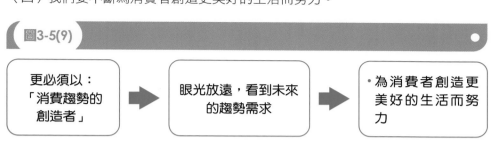

## 六、學習才會贏

（一）大家常說，要拼才會贏，但我覺得要「學習」才會贏，要不斷從學習中求進步，堅持對品質或水準的要求，才能讓企業的表現真正令人刮目相看。

（二）只要持續學習成長，自我突破，我們也有機會成為「台灣第一、世界一流」的願景。

（三）我身為領導者，必須在最短時間內做最佳決策，除了請教專家，我也會從書中學習、找資料，做為決策參考。

（四）讀書學習之後，必須設法運用在工作上，才能把知識轉化為自己的專業及技術。

**圖3-5(10)**

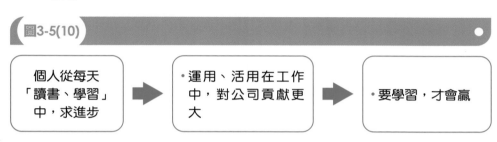

## 七、領導人的四個任務

我認為身為一家大企業的領導人，應該做好四個任務，如下：

### （一）領航者要知道船開往那個目標與方向：

經營者好像是開一條船的船長一樣，這條船要開往那裡，你一定要知道目標在那裡？方向在那裡？

### （二）要有一個當責的心：

你要負責，就要用心，不應只是說我來試試看再說。

### （三）你自己一定要有遠見，要有自己的思維跟 sense：

領導人一定不能短視，一定要有遠見，要看到五年、十年後公司發展的狀況才行。

### （四）要正派、透明化經營：

經營事業只要正派、穩健、踏實、財務透明、用對人，這事業應該就會成功。

**圖3-5(11)　領導人的四個任務**

領導人的
四個任務

1. 領航者要知道船開往那個方向及目標。
2. 要有一個當責的決心
3. 你自己一定要有遠見，要有自己的思維及 sense
4. 要正派、透明經營

## 八、企業經營順暢時的警訊，不能太安逸

（一）當企業開始經營很順暢時，我就會提出警訊，就會提出不能太安逸的看法，也會提出我們面臨的危機是什麼？

（二）因為太安逸，在安逸中就會慢慢衰退；所以，一定要不斷研發創新、一定要差異化、一定要讓顧客感受到我們一直在領先進步及付出更多的努力與心力。

（三）企業是非常競爭的，不可能永遠舒舒服服過日子，這是不可能的。

（四）總之，經營事業，不進則退；你要不斷去想事情、想明天怎麼做？要不斷去改變，不要安於現狀，才能永遠保持領先下去。

**圖3-5(12)　企業經營需保持警訊**

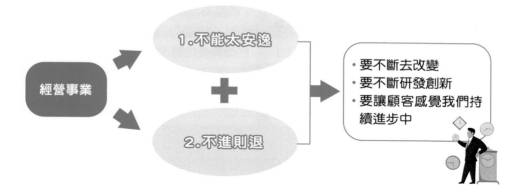

經營事業 → 1.不能太安逸 ＋ 2.不進則退 → ・要不斷去改變　・要不斷研發創新　・要讓顧客感覺我們持續進步中

## 九、適才適所的用人哲學

（一）我看人，不是隨便派人去做，要人去占這個缺。我重視每個員工的特質是什麼？這個人來做什麼比較適合？

（二）例如：有些員工適合做業務、適合去開疆闢土、去做生意；另有些員工適合做幕僚，喜歡在辦公室做專業型的、思考型的工作；另有些員工則喜歡商品開發及創新商品的工作。

（三）用人的哲學，就是：

　　1.適才適所。

　　2.用他們的優點、專長及強項，不要看他們的缺點。

**圖3-5(13)　用人哲學兩大點**

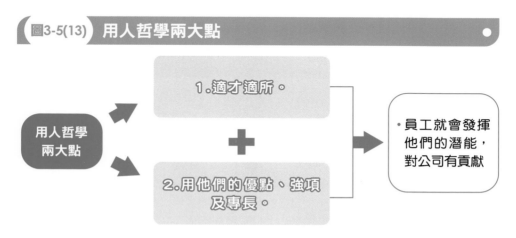

用人哲學兩大點 → 1.適才適所。 ＋ 2.用他們的優點、強項及專長。 → ・員工就會發揮他們的潛能，對公司有貢獻

## 十、思考第二條、第三條成長曲線

（一）業經營，從不會有一個產品、一條成長曲線，可以做到 30 年、50 年、100 年而不會衰退的；企業為了永續經營及長期營運下去，必須時常思考它的第二條及第三條成長曲線在那裡。

（二）以統一超商為例，近幾年來，它從加速展店、拓大店、導入 CITY CAFE、鮮食類產品、網購店取、聯名行銷等，都是屬於第二條、第三條的成長曲線，帶動統一超商近十年來業績不斷成長的好成績。

（三）此外，像菲律賓 7-11、星巴克、康是美等，也都是統一超商轉投資子公司，也是很好的未來成長曲線。

圖3-5(14)

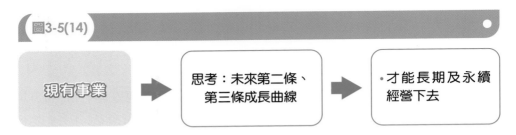

## 十一、企業長青的關鍵在於創新與突破

（一）企業能不能基業長青的關鍵，都在於能否創新與突破；若沒辦法做到更進一步的創新與突破，那企業就沒辦法發展下去。

（二）企業創新與突破的領域，包括：技術創新、門市店創新、產品創新、服務創新、包裝／設計創新、行銷創新、營運模式創新等，都可為企業帶來更多、更高的營收及業績。

圖3-5(15)　**企業長青的關鍵**

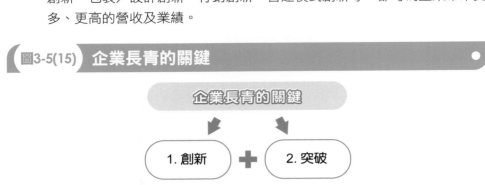

**圖3-5(16)　企業創新與突破的領域**

企業創新與突破的領域 →

① 技術創新　④ 服務創新　⑦ 營運模式創新

② 門市店型創新　⑤ 包裝／設計創新

③ 產品創新　⑥ 行銷創新

## 十二、給一個清楚成長目標，以及為達公司成長目標，一定要選對人、用對人，不行，就換人

（一）企業經營，高階領導人一定要給部屬們一個清楚的成長目標，例如：7-11拓店 2,000 店、3,000 店、4,000 店、5,000 店、6,000 店、7,000 店等每一階段的新店總目標，有了目標之後，部屬們才會努力用心下去做，並努力達成目標。

（二）此外，為達成公司成長目標，一定要選對人、用對人，若人不行，就要換人，不能手軟、心軟，這是領導人要硬起來的時候。

（三）另外，為了成長目標，在人力、財力、物力、權力的搭配方面，也要給予充分的資源供應。

**圖3-5(17)**

企業經營高階領導人 →

・要明確給部屬一個清楚成長目標

→

・一定要選對人、用對人，老人不行，就要換人
・給予人力、財力、物權、權力的全力支援

## 十三、小結（歸納摘要）

（一）領導人必須：因應變革，順勢而為。

（二）領導人必須：堅持品質是長期的功課。

（三）領導人必須：顧客滿意是事業成功關鍵所在。

（四）領導人必須：不斷進行經營革新。

（五）領導人必須：要用心做消費者趨勢的創造者。

（六）領導人必須：學習，才會贏。

統一超商公司前總經理徐重仁

（七）領導人必須：4 大任務

　　1. 領航者要知道船開往那個目標及方向

　　2. 要有一個當責的心

　　3. 你自己要有遠見

　　4. 要正派、透明化經營

（八）領導人必須：企業經營順暢時，必須發出警訊，不能太安逸。

（九）領導人必須：適才適所的用人。

（十）領導人必須：經常思考未來的第二條、第三條成長曲線。

（十一）領導人必須：持續性的創新及突破，企業才能長青。

（十二）領導人必須：給部屬一個清楚的成長目標。

（十三）領導人必須：一定要選對人、用對人，不行，就換人，如此，公司才能
　　　　　　成長下去。

# 第**6**位

# 城邦出版集團首席執行長何飛鵬

# 第 6 位　城邦出版集團首席執行長何飛鵬

## 一、先聽眾議，再行決斷

（一）成熟的領導人在做任何決定時，一定不會無視團隊的存在，必須讓他們有發表意見的機會。

（二）最好的作法是兩階段決策，先問團隊大家的意見，博採眾議，訴諸公決。之後如果大家有共識，就公決行之。如果還缺乏共識，再進行第二段決策，由上級主管乾綱獨斷，自行決定。

**圖3-6(1)**

公司決策模式

1. 先聽眾議，由共識決
2. 無法共識決，就由最高領導人決定之

## 二、積極創新，是領導人唯一該做的事

（一）有很長的時間，我們所經營的內容產業一直處在衰退中，讀者不斷減少，銷售不斷降低，面對這種惡劣環境，我身為最高主管，不斷要求我的各單位主管們要提出新的創新轉型計劃，不能停在原有的生意模式中，我三令五申的要求大家改變。

（二）部屬們要有主動積極創新的能力，要有兩個要件：一是態度，二是能力。唯有態度正確，加上能力足夠，才能進行真正創新。

（三）總之，身為領導人及各級主管，一定要為團隊的未來做準備，隨時都要尋找到創新的方向，這樣才能確保團隊能夠維持成長，開創新局。

**圖3-6(2)**

積極創新

・是領導人唯一該做的事

圖3-6(3) 主動積極創新的兩要件

主動積極創新的兩要件 ➡ 1. 態度 2. 能力

圖3-6(4) 領導人要做兩件事

領導人要做兩件事

1. 要為團隊的未來做準備 ✚ 2. 尋找到創新的方向

## 三、領導人的五項特質

（一）我認為真正能成為領導人的五項特質是：

　　1. 令人尊敬的品格（品德）。

　　2. 有共識的價值觀。

　　3. 值得信賴的能力。

　　4. 無怨無悔的追隨。

　　5. 自動自發的投入。

（二）真正的領導者必須具備高尚的品格，誠信正直是絕對必備的特質；有了誠信正直，才能讓人尊敬，也才能讓人信賴，有了尊敬與信賴，才能形成永遠的追隨。

（三）成為好的領導者，是一條永無休止的修煉之路。

第6位

城邦出版集團首席執行長何飛鵬

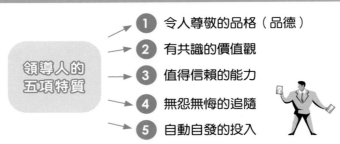

圖3-6(5)　**領導人的五項特質**

領導人的
五項特質

1　令人尊敬的品格（品德）
2　有共識的價值觀
3　值得信賴的能力
4　無怨無悔的追隨
5　自動自發的投入

**四、用人要信任，能力要檢查，錯誤要預防**

（一）領導最重要的工作是用人，而用人要「用人不疑，疑人不用」，這又是大家都知道的道理，所以主管用人，真的都不能有所懷疑嗎？

（二）這答案當然是錯的，我們用人要信任，這是對的，可是這不代表主管不能懷疑，也不代表不能預為防範，預做準備，去做一些必要的管理措施。

（三）主管對工作，通常會預設各種檢查措施，每週、每月、每季追蹤，也可以按工作進度要求部屬提出報告，這是對工作的控管與協調，也是確保工作完成的必要措施，這不代表對工作者的不信任。

（四）用人要信任雖是基本前提，但是懷疑、確認、檢查、預防，也是用人必須的方法。

圖3-6(6)　**各級主管用人 3 要件**

各級主管用人3要件

| 1.<br>用人要信任 | ＋ | 2.<br>能力要檢查 | ＋ | 3.<br>錯誤要預防 |

**五、人才的 3 個層次：會做事、會管理、會經營**

（一）職場工作有 3 個層次：

第一個層次是能做事的工作者，能夠完成組織交付的工作，不論是從事生產、行銷、財務、營業、企劃、研發、技術等，都可以把工作做好。

第二個層次是升成小主管，能做好團隊的管理工作，能帶領團隊完成管理工作。

第三個層次是能運用想像力、創造力，對外尋找商機，擴大團隊的營運規模，做出更大的生意，提高團隊獲利。

（二）經營的人才，要具有：

1. 生意的眼光。

2. 突破困境的決心。

3. 找出新工作方法的執行力。

（三）在組織中，管理人才通常能升到中階主管，負責已知的生意，做已知的工作，而經營人才則可以升到組織中的高階主管

圖3-6(7) 人才的 3 個層次

六、小結（歸納摘要）

（一）領導人必須：先傾聽大家的意見，參考眾議，然後再做決斷較適當，這就是團隊決策。

（二）領導人必須：主動積極創新，這是領導人唯一該做的事。

（三）領導人必須：要為團隊的未來做準備，並且尋找到創新的方向。

（四）領導人必須：兼具五項特質

1. 令人尊敬的品格。

2. 有共識的價值觀。

3. 值得信賴的能力。

4. 無怨無悔的追隨。

5. 自動自發的投入。

（五）領導人必須：用人要信任，能力要檢查，錯誤要預防。

（六）領導人必須：認識人才的 3 個層次——會做事的人才、會管理的人才、會經營的人才。其中，又以會經營的人才，最難找到。

城邦出版集團首席執行長何飛鵬

MEMO

# 第 **7** 位

# 愛爾麗醫美集團總裁常如山

# 第 7 位　愛爾麗醫美集團總裁常如山

**一、用人首重品德，愛惜員工，天下，是員工打下來的**

**（一）用人首重品德：**

　　任何事業都是從「人」開始的，我們常說人事、人事，有人才有事。在看人、用人這塊，我特別重視品德，包括醫生，也是先看品德，再看技術。醫術可以練，品德是一個人的本質，可以從與他説話的過程觀察出來，本質這種東西基本上不會變。

**（二）人事、人事，有人才有事：**

　　選擇品德好、有服務意識的夥伴，是不變的方針。

**（三）愛爾麗醫美集團：**

　　是全體員工打造出來的，不是我一個人的能耐；我覺得公司最大的價值就是員工，我可以肯定的説，天下，是全體員工打下來的。

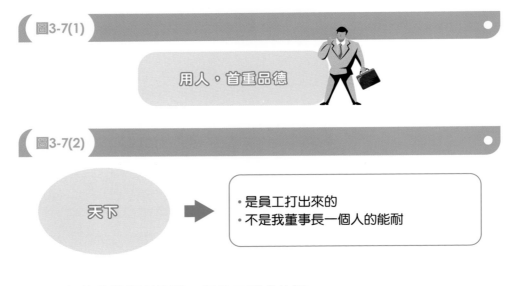

圖3-7(1)

用人，首重品德

圖3-7(2)

天下 → ・是員工打出來的
　　　・不是我董事長一個人的能耐

**二、用好的薪獎福利管理，與員工形成共好**

（一）愛爾麗最大的資產是人，其他都是假的，員工們與我一起努力打天下，只要表現好，就直接發錢，要對員工好，要給他們在同業裡是最好的薪水、

獎金及福利，才能留住好人才，這些好人才自然就會幫企業爭取更多、更好的獲利，這樣就會形成企業經營「善的循環」。

（二）員工們不是來交朋友的，也不是來跟你談戀愛的，他們來，最重要的是想賺錢，想養家活口，因此，給員工好的待遇、好的薪獎、好的年薪，是穩定事業的最重要基礎。

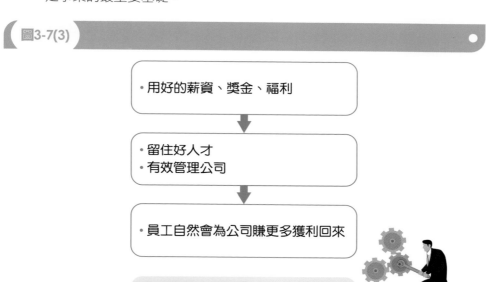

圖3-7(3)

- 用好的薪資、獎金、福利
- 留住好人才
- 有效管理公司
- 員工自然會為公司賺更多獲利回來
- 形成善的循環

三、對員工還是要有教育訓練及管控制度

（一）我們也會有人員素質參差不齊的問題，必須要靠長期的、持續性的教育訓練以及管控制度，還有售後服務的追蹤。一旦發現問題，我們就會針對弱項加以優化，並找出問題發生的源頭，包括人、事、時、地、物，什麼時候發生？在哪發生？誰造成的問題？我們有專門的團隊每天處理、追蹤、分階段解決所出現的問題。

（二）管人很耗心力，有制度、有辦法還不夠，上面的人還要以身作則；你做得正不正，員工都在看。

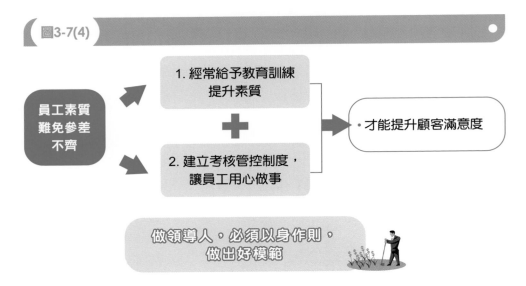

圖3-7(4)

員工素質
難免參差
不齊

1. 經常給予教育訓練
提升素質

＋

2. 建立考核管控制度，
讓員工用心做事

・才能提升顧客滿意度

做領導人，必須以身作則，
做出好模範

四、小結（歸納摘要）

（一）領導人必須：用人首重品德，並要愛惜員工，天下，是員工打下來的。

（二）領導人必須：要用好的年薪（薪水＋獎金＋福利）給員工，與員工形成共
好，員工也必會為公司賺更多獲利回來，形成善的循環。

（三）領導人必須：員工素質會有參差不齊，必須用教育訓練及控管制度來確保
工作品質，並創造好的顧客滿意度。

# 參考書目

一、郭台銘，《郭爸爸寫給年輕人的 30 則備忘錄》，時報出版，2023 年 8 月。

二、張忠謀，《器識：張忠謀打造台積電攀登世界級企業的經營之道》，商業周刊出版，2018 年 5 月。

三、傅瑋瓊，《利他的力量：鄭崇華的初心與台達電經營哲學》，天下文化，2023 年 1 月。

四、謝其濬，《全聯：不平凡的日常》，天下文化，2018 年 12 月。

五、王家英整理、徐重仁口述，《改變一生的相逢》，聯經出版，2004 年 3 月。

六、莊素玉，《流通教父徐重仁青春筆記：告別統一超商 35 年的日子》，天下文化，2016 年 10 月。

# 戴國良博士
# 大專教科書

| 工作職務 | 適合閱讀的書籍 |
|---|---|
| **行銷類**<br>行銷企劃人員、品牌行銷人員、PM產品人員、數位行銷人員、通路行銷人員、整合行銷人員等職務 | 1FP6 行銷學　　　　　1FPL 品牌行銷與管理<br>1FI7 行銷企劃管理　　1FI3 整合行銷傳播<br>1FSM 廣告學　　　　　1FRS 數位行銷<br>1FPD 通路管理　　　　1FQC 定價管理<br>1FQB 產品管理　　　　1FS6 流通管理概論<br>1FP4 行銷管理實務個案分析 |
| **企劃類**<br>策略企劃、經營企劃、總經理室人員 | 1FAH 企劃案撰寫實務<br>1FI6 策略管理實務個案分析 |
| **人資類**<br>人資部、人事部人員 | 1FRL 人力資源管理 |
| **主管級**<br>基層、中階、高階主管人員 | 1FPA 一看就懂管理學<br>1FP2 企業管理<br>1FPS 企業管理實務個案分析<br>1FI6 策略管理實務個案分析 |
| **會員經營類**<br>會員經營部人員 | 1FRT 顧客關係管理 |

  五南文化事業機構 WU-NAN CULTURE ENTERPRISE

 f 五南財經異想世界

106臺北市和平東路二段339號4樓
TEL：(02)2705-5066轉824、889 林小姐

# 戴國良博士
# 圖解系列專書

| 工作職務 | 適合閱讀的書籍 |
|---|---|
| **行銷類**<br>行銷企劃人員、品牌行銷人員、PM產品人員、數位行銷人員、通路行銷人員、整合行銷人員等職務 | 1FRH 圖解行銷學　　　　　3M37 成功撰寫行銷企劃案<br>1F2H 超圖解行銷管理　　　1FSP 超圖解數位行銷<br>1FSH 超圖解行銷個案集　　3M72 圖解品牌學<br>3M80 圖解產品學　　　　　1FW6 圖解通路經營與管理<br>1FW5 圖解定價管理　　　　1FTG 圖解整合行銷傳播 |
| **企劃類**<br>策略企劃、經營企劃、總經理室人員 | 1FRN 圖解策略管理<br>1FRZ 圖解企劃案撰寫<br>1FSG 超圖解企業管理成功實務個案集 |
| **人資類**<br>人資部、人事部人員 | 1FRM圖解人力資源管理 |
| **財務管理類**<br>財務部人員 | 1FRP 圖解財務管理 |
| **廣告公司**<br>廣告企劃人員 | 1FSQ 超圖解廣告學 |
| **主管級**<br>基層、中階、高階主管人員 | 1FRK 圖解管理學<br>1FRQ 圖解領導學<br>1FRY 圖解企業管理（MBA學）<br>1FSG 超圖解企業管理個案集<br>1F2G 超圖解經營績效分析與管理 |
| **會員經營類**<br>會員經營部人員 | 1FW1 圖解顧客關係管理<br>1FS9 圖解顧客滿意經營學 |

  五南文化事業機構 WU-NAN CULTURE ENTERPRISE

 f 五南財經異想世界

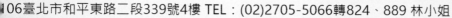

106臺北市和平東路二段339號4樓 TEL：(02)2705-5066轉824、889 林小姐

國家圖書館出版品預行編目資料

超圖解領導經營學：33堂領導力修煉課／戴國
良著. -- 一版. -- 臺北市：五南圖書出版股
份有限公司, 2025.1
　　面；　公分
　ISBN 978-626-393-976-9(平裝)
1.CST: 企業領導　2.CST: 企業經營
3.CST: 組織管理　4.CST: 職場成功法
494　　　　　　　　　　　113018386

1FAU

# 超圖解領導經營學：
# 33堂領導力修煉課

作　　　者 ― 戴國良

編輯主編 ― 侯家嵐

責任編輯 ― 侯家嵐

文字編輯 ― 陳威儒

封面完稿 ― 姚孝慈

排版設計 ― 張巧儒

出 版 者 ― 五南圖書出版股份有限公司

發 行 人 ― 楊榮川

總 經 理 ― 楊士清

總 編 輯 ― 楊秀麗

地　　　址：106台北市大安區和平東路二段339號4樓

電　　　話：（02）2705-5066

傳　　　真：（02）2706-6100

網　　　址：https://www.wunan.com.tw

電子郵件：wunan@wunan.com.tw

劃撥帳號：01068953

戶　　　名：五南圖書出版股份有限公司

法律顧問：林勝安律師

出版日期：2025年 1 月初版一刷

定　　　價：新臺幣400元

# 經典永恆・名著常在

## 五十週年的獻禮——經典名著文庫

五南,五十年了,半個世紀,人生旅程的一大半,走過來了。

思索著,邁向百年的未來歷程,能為知識界、文化學術界作些什麼?

在速食文化的生態下,有什麼值得讓人雋永品味的?

歷代經典・當今名著,經過時間的洗禮,千錘百鍊,流傳至今,光芒耀人;

不僅使我們能領悟前人的智慧,同時也增深加廣我們思考的深度與視野。

我們決心投入巨資,有計畫的系統梳選,成立「經典名著文庫」,

希望收入古今中外思想性的、充滿睿智與獨見的經典、名著。

這是一項理想性的、永續性的巨大出版工程。

不在意讀者的眾寡,只考慮它的學術價值,力求完整展現先哲思想的軌跡;

為知識界開啟一片智慧之窗,營造一座百花綻放的世界文明公園,

任君遨遊、取菁吸蜜、嘉惠學子!